农民实用知识读本

如何进行棉花的加工

郑海柱　主编

中国财政经济出版社

图书在版编目（CIP）数据

如何进行棉花的加工/郑海柱主编．—北京：中国财政经济出版社，2009.8

（农民实用知识读本）

ISBN 978-7-5095-1731-4

Ⅰ．如…　Ⅱ．郑…　Ⅲ．棉花加工-基本知识　Ⅳ．TS113

中国版本图书馆 CIP 数据核字（2009）第 124333 号

责任编辑：李玲兰　　责任校对：王　英

封面设计：陈　瑶　　版式设计：兰　波

中国财政经济出版社出版

URL：http：//www.cfeph.cn

E-mail：cfeph@cfeph.cn

社址：北京市海淀区阜成路甲 28 号　邮政编码：100142

发行处电话：88190406　财经书店电话：64033436

北京财经印刷厂印刷　各地新华书店经销

850×1168毫米　32开　4印张　100 000字

2010年 11月第 1版　2010 年 11月北京第 1次印刷

印数：1—2 000　定价：15.00 元

ISBN 978-7-5095-1731-4/TS·0018

（图书出现印装问题，本社负责调换）

本社质量投诉电话：010-88190744

如何进行棉花的加工

总 策 划　　胡东华

主　　编　　郑海柱

编写人员　　范开迪　康建明　陈　丰

王　显　韩　冰

前　言

棉花是世界上最主要的农作物之一，产量大、生产成本低，因而棉制品价格比较低廉。棉制品在我们的生活中随处可见，棉纤维能制成多种规格的织物，从轻盈透明的巴里纱到厚实的帆布和厚平绒，适合制作各类衣服、家具布和工业用布。

中国棉花加工业也紧随棉花产业发展的规律，经历了从无到有、从小到大、从分散到集中、从落后到具有一定水平的发展历程。棉花加工业主要指棉机制造，棉花及副产品的加工、深加工。具体来讲，主要包括轧花、剥绒、打包、榨油、浸出、棉蛋白生产及种子处理等。棉花加工业是控制棉花质量，降低棉花成本的重要环节，它的发展既影响到两亿棉农的利益，也关系到我国棉纺工业的发展。

我们编写的农民实用知识读本系列之一——《如何进行棉花的加工》共四章。本书的编写思路大体上是这样的：首先向您介绍了我国棉花加工业的历史、现状及未来的发展趋势，让您对此行业有一个大概的认识，随后又介绍了棉花这一作物的种植起源和发展历史及其重要的类别和新品种，在种植方面又着重介绍了耕种方法和病虫害的防治，随后又向您讲述了棉纤维的基本知识；第二章主要讲了棉花检验的实际操作；第三、四章则重点讲述了棉花初加工和深加工工序的相关知识及其包装和储运过程中的注意事项。书后附有从事棉花加工行业的相关政策法规。

本书语言通俗易懂，具有初中学历的朋友都可以理解明白。本书注重将理论与实践相结合，非常实用。您若想对棉花加工行业有个总体的了解或者想从事棉花加工行业，了解并且学习棉花加工的具体工序，本书将是您不可或缺的重要工具。

希望广大的农民朋友在看完本书后能真正有所收获，将所学知识应用到实践当中去。祝您工作越来越顺利，生活越来越美满！

编者

于北京林业大学

目　录

第一章 概　述

第一节　我国棉花加工业概述

一、中国棉花加工业的历史及现状

棉花加工业主要包括棉机制造、棉花及副产品的加工、棉副产品深加工。它主要包括轧花、剥绒、打包、榨油、浸出、棉蛋白生产及种子处理等工艺环节。

中国棉花加工业紧随棉花产业的发展而发展，经历了从无到有、从小到大、从分散到集中、从落后到具有一定水平的漫长而艰难的发展历程。在解放前的较长历史里，籽棉加工是分散的、作坊式的民间轧花，加工设备大多是人力、畜力或水力皮辊轧花机，因此那时棉花加工的效率和水平之低可想而知。

新中国成立后，随着棉花种植业的发展，我国棉花加工业经历了两次飞跃式的发展。

第一次飞跃是从 1955 年开始，以“5571”型锯齿轧花机取代皮辊轧花机为标志，我国棉花加工业从手工作坊迈向了工业化新时代，从此结束了我国棉花加工依赖小型皮辊轧花机的历史。之后，锯齿轧花机基本代替了皮辊轧花机。从 1956 年开始，轧花厂陆续开始装备国产的141型锯齿剥绒机，使轧花厂的单一轧花生产发展为轧花、剥绒的连续生产。整体来说，20世纪80年代以前，我国的棉花加工设备种类比较单一，而且对棉机的研究开发也仅仅停留在单机上，不但加工设备的成套性差，而且机械化、自动化程度低，锯齿轧花机产量水平也较低。

第二次飞跃始于改革开放的20世纪80年代初。我国棉花加工行业大胆借鉴和及时引进国际上的先进技术，并结合我们手摘棉加工的具体国情，研制成功了“121”轧花新工艺及成套设备。后来新工艺成套设备被国务院列为“八五”期间重点推广的“150条龙”之一，由此彻底改变了我国棉花加工设备50年一贯制的陈旧面貌。

20世纪90年代末，伴随着棉花加工工艺的逐步完善，棉花加工技术和棉机设备也有了巨大的进步。以成套设备为标志的工艺改进及以高效化、大型化为标志的棉机设备的相继成功研制，大大地改变了我国棉花加工行业的现状。大型智能化棉机成套设备的推广应用改变了我国棉花加工技术落后、工艺不完善、人力劳动强度大、工作环境差、生产效率低下、生产消耗大的落后局面，我国的棉花加工机械制造水平与国际先进水平差距逐步缩小。

当前我国的棉花加工业正面临着第三次飞跃，即信息技术与传统工业的结合以及棉副产品的精深加工。这方面我们与国际先进水平的差距正在拉大，因此我们必须自力更生、不断努力以缩小差距。

二、棉花加工业未来的发展走势

（一）棉花质量检验体制改革给棉花加工行业指明了发展方向

2003年9月，国务院批准了国家发展和改革委员会等五部委联合签署的国家棉花质量检验体制改革方案。棉花质量检验体制改革的主要内容是，改用国际通用棉包包型，在加工环节采用快速检验仪实行仪器化公证检验，并对成包皮棉逐包编码实行信息化管理。实行棉花质量检验新体制后，现有的棉花加工企业均需改用新的大型打包机，并采用条形码等新技术。这促进了棉花加工企业之间资源的联合兼并、重组优化，实现规模化和产业化的经营。

按照新的棉花加工基本技术条件要求，现有的棉花加工企业要逐步使用能达到国际标准包型要求的大型打包机，并实施包包检验。也就是说要改用新型400吨以上大型打包机，并使用皮棉调湿设备、自动取样装置、套包平台、自动称重装置、条形码系统、专用叉车等新型装备。这是我国棉花质量检验体制改革与国际接轨的重要举措，为我国棉花加工行业发展指明了前进的方向，意义深远。

（二）棉花加工业生产设备的更新改造规划明确了棉花加工业的发展目标

为了配合国家检验体制的改革，国家发改委制定了《全国棉花加工业生产设备更新改造规划的意见》。“意见”指出国家将引导棉花加工企业进行更新改造，提高加工效率，形成技术先进、布局合理、与国际通行做法接轨、适应现代物流发展的棉花加工业，促进我国棉花加工业的现代化、规模化、集约化和信息化。“意见”明确了更新改造棉花加工业生产设备必须遵循的五项原则：一是统一规划，合理布局；二是总量控制，适度竞争；三是优先支持棉花主产区；四是重点扶持已经取得资格认定并在近两年内加工业绩突出的企业；五是鼓励企业兼并重组。

棉花质量检验体制改革方案和全国棉花加工业生产设备更新

改造规划的意见，清晰地勾勒出了棉花加工业未来五年的走向，强调了棉花加工业在流通领域的核心地位，这成为棉花企业竞争的焦点。

（三）棉花加工业配合改革的主要任务

从以上所说的棉花质量检验体制改革的内容和目标来看，棉花加工业在未来几年的变化将是巨大的。为了迎接改革，适应形势发展的需要，棉花加工企业应该做好以下三项主要工作。

1. 接受新观念，适应新形势的发展

国际通用包型，即227千克棉包的不断推广应用，显示出了大包型节约包装物料、节省运输费用、大大减少棉包数量等很多优点，并逐步被广大棉花加工企业、棉纺织企业等接受。由于棉包数量的减少，对于要实行包包检验的新的棉花质量检验体制改革来说，质量检验的工作量也将减少，全国基本上由6000万个左右的棉样减少到2000万个左右的棉样。与此同时，棉花加工企业的棉花质量检验费用也大大地降低了。因此，棉花加工企业，有实力的一定要按照国家的产业政策要求，完善生产工艺，配备大型的棉花加工设备，符合改革发展的要求；没有实力的，可以选择联合的方式，淘汰落后的工艺和设备，改用大型设备。

2. 培养专业技术人才，提高技术和管理水平

随着棉花加工企业逐步向规模化、规范化、大型化、信息化的发展，棉花加工工艺臻于完善，设备的技术含量增加，电子产品不断涌入企业，这就要求棉花加工企业必须通过多种途径，加快专业技术人员和管理人员的培养，提高棉花加工检验的专业技能和生产管理技能水平，保证企业的正常运行和高效运行，实现企业经济效益大幅增长的目的。

3. 不断更新设备，完善工艺

为了满足棉花质量检验体制改革的需要，有关部门专门制定了《试点企业棉花加工技术条件》。该条件对棉花加工工艺及棉花加工设备等提出了明确的规定。这是所有棉花加工企业，特别是准备按试点企业标准来改建棉花加工生产线的企业必须遵循的标准。一切不符合该条件的企业，应该积极地通过改造等手段，逐步达到条件的要求。

三、棉花加工业的主要机构和信息网络

（一）主要机构

1. 中国棉花协会棉花加工分会

中国棉花协会棉花加工分会是中国棉花协会的专业性分支机构，成立于2004年。分会是由棉花加工行业的企事业单位和社会团体自愿组成的、非营利性的全国性社会经济团体，是经中华人民共和国民政部核准登记的社团法人。中国棉花协会棉花加工分会的业务范围是：棉花加工及棉机制造行业管理，业务培训，技术咨询及推广，标准的制定修订，展览展示。

中国棉花协会棉花加工分会的宗旨是：反映棉花加工业的真实情况，在制定行业规划、经济技术政策、行业技术标准和经济立法等方面向政府部门提出建议，影响相关政策法规的制定，同时协助政府业务主管部门，贯彻执行国家的政策、法令，促进技术进步，提高管理水平，维护行业的整体利益和广大会员单位的合法利益，为会员服务。

2. 棉花加工工业标准化技术委员会

棉花加工工业标准化技术委员会成立于1998年，挂靠在中棉工业公司，是一个负责标准制定和修订的专业性技术组织。其主要任务就是负责棉花加工行业国家标准、行业标准的制定和修

订，到目前为止，已制、修棉花加工行业国家标准和行业标准共23项，为提高行业技术水平和促进行业技术升级做了大量的技术基础工作。

3. 中国农业科学院棉花研究所

中国农业科学院棉花研究所于1957年8月在北京成立，1958年3月迁到河南安阳。

作为唯一的国家级棉花专业科研机构和全国棉花科研中心，研究所以应用研究和应用基础研究为主，组织和主持全国性的重大棉花科研项目，着重解决棉花生产中的重大科技问题，开展国际棉花科技合作与交流，培养棉花科技人才，宣传推广科研成果与先进的植棉技术，编辑出版《棉花学报》和《中国棉花》专业期刊。

（二）主要的网络资源

随着棉花加工企业向着信息化的发展，网络是当今社会最为便捷的信息来源。作为一名与时俱进的棉花加工业从业人员，必须时刻关注每天的棉花加工讯息变化。以下网站与棉花加工行业关系密切，或者说是专门为此行业服务的网站，从业人员应该充分利用这些资源

1. 中国棉花网：www.cncotton.com

中国棉花网是中储棉花信息中心直属网站，创建于1999年5月。作为中国棉花行业最具影响力的垂直门户网站之一，中国棉花网秉承“准确、及时、全面、权威”的服务宗旨，以“服务国家宏观调控、服务广大会员、服务涉棉企业”为指导思想，开拓创新，迅猛发展。目前，网站有效注册会员超过4500家，网站页面日均浏览量超过100000次。

通过9年的服务与运行，该网站已经得到了国际、国内涉棉同行的广泛支持与认可。同时，中国棉花网的创建和发展有力地

推动了国内棉花市场信息化步伐，提供及时的资讯服务和国家棉花价格指数、国际棉花指数和郑棉期货价格、最快的国内主要地区现货价格行情，实现了及时把握市场风云。

“及时、准确、全面、权威”是中国棉花网的服务宗旨。随着国内棉花流通新格局的形成以及全球棉花市场一体化进程的加快，中国棉花网将不懈努力追求卓越目标，成为联系棉花产业各环节的纽带、连接国内与国际棉花市场的桥梁。

2. 中国棉花信息网：www. cottonchina. org

中国棉花信息网由全国供销合作总社棉麻局、全国棉花交易市场共同创办，于 1998 年 6 月试运行，1999 年 6 月正式运行。依托强大行业背景，秉持专业信息服务理念，恪守客观、公正的信息发布原则，经过 6 年多的发展，中国棉花信息网已经在国内具有相当影响力和权威性。

作为专业的资讯网站，中国棉花信息网与国内上百个产棉县和 300 多家大中型纺织企业建立了固定的信息联系；与国家相关部委、涉棉专业网站和新闻单位建立了信息交换或相互链接关系；与国内棉花、纺织、外贸等领域知名专家建立了顾问关系；与国外著名棉花网站、企业、协会和其他涉棉机构保持着密切的信息联系。广泛的信息渠道和严谨的信息复核机制，保证了中国棉花信息网能够向广大用户提供权威、准确、全面、快捷、实时的棉花行业信息及相关资讯报道。

中国棉花信息网
www.cottonchina.org

第二节　我国棉花的主要品种和类别

一、棉花简介及其发展历史

棉花是离瓣双子叶植物，属锦葵目锦葵科木槿亚科棉属，喜热、好光、耐旱、忌渍，适宜于在疏松深厚土壤中种植。棉花是锦葵科棉属植物的种子纤维，原产于亚热带。植株灌木状，在热带地区栽培可长到6米高，一般为1~2米。花朵乳白色，开花后不久转成深红色然后凋谢，留下绿色小型的蒴果，称为棉铃。棉铃内有棉籽，棉籽上的茸毛从棉籽表皮长出，塞满棉铃内部。棉铃成熟时裂开，露出柔软的纤维。纤维白色至白中带黄，长约2~4厘米，含纤维素约87%~90%。

注意：棉花并不是花，棉花植物开的花卉是乳白色或粉红色花卉。平常说的棉花是开花后长出的果子成熟时裂开翻出的果子内部的纤维。

棉花原产于热带、亚热带地区，是一种多年生、短日照作物。经长期人工选择和培育，逐渐北移至温带，演变成为了一年生作物。春季（或初夏）播种，当年现蕾、开花、结实，完成生育周期，到冬季严寒来临时，生命终止。在其生长发育过程中，只要有充足的温度、光照、水肥条件等，就像多年生植物一样，可不断地长枝、长叶、现蕾、开花、结铃，持续生长发育，具有无限生长性和较强的再生能力。

在棉花的一生中，温度对它的生长发育、产量及产品质量的形成影响很大。除温度外，棉花对光照非常敏感，比较耐干旱，怕水涝。棉花生长历经春、夏、秋、冬四个季节，春分到立冬

16 个节气，一生可以划分为播种期、苗期、蕾期、花铃期和吐絮期 5 个阶段。相对于其他农产品来讲，棉花生长期较长，受自然因素的影响较大。

棉花产量较高的国家是中国、美国、印度、巴西、墨西哥、埃及、巴基斯坦、土耳其、阿根廷和苏丹。其中中国的单产量最大。棉花种植最早出现在公元前 5 至 4 千年的印度河流域文明中，在共同时代之前，棉纺织品的使用传到了地中海地区。公元一世纪，阿拉伯商人将精美的细棉布带到了意大利和西班牙。大约 9 世纪的时候，摩尔人将棉花种植方法传到了西班牙。15 世纪，棉花传入英国，然后传入英国在北美的殖民地。

其实中美洲原住民也早已懂得用棉花纺织衣服和毯子。16 世纪西班牙人进入墨西哥南部和尤卡坦半岛，发现当地植棉业已很发达，岛民将彩色棉纺成土布，做成当地人的服装。现在占世界棉花总产量 90% 以上的棉种都源于墨西哥的陆地棉。

中世纪棉花是欧州北部重要的进口物资，那里人自古以来习惯从羊身上获取羊毛，所以当听说棉花是种植出来的，还以为棉花来自一种特别的羊，这种羊是从树上长出来的，所以德语里面的棉花一词直译是“树羊毛”。

我国是世界上种植棉花较早的国家之一，公元前三世纪，即战国时代，《尚书》、《后汉书》中就有关于我国植棉和纺棉的记载。

9 世纪阿拉伯旅行家苏莱曼在其《苏莱曼游记》中记述，在中国看到棉花，在花园里被作为“花”来观赏的。《梁书·高昌传》记载：其地有“草，实如茧，茧中丝如细纩，名为白叠子。”

目前中原地区所见最早的棉纺织品遗物，是在一座南宋古墓中发现的一条棉线毯。元代初年，朝廷把棉布作为夏税（布、绢、丝、棉）之首，设立木棉提举司，向人民征收棉布实物，据记载每年多达10万匹，可见棉布已成为主要的纺织衣料。明朝也力征收棉花棉布，出版植棉技术书籍，劝民植棉。从明代宋应星的《天工开物》中所记载的“棉布寸土皆有”，“织机十室必有”，可知当时植棉和棉纺织已遍布全国。

清末，中国又陆续从美国引进了陆地棉良种，替代了质量不好产量不高的非洲棉和亚洲棉。现在中国种植的全是各国陆地棉及其变种。

二、棉花的用途

棉花是世界上最主要的农作物之一，产量多、生产成本低，使棉制品价格比较低廉。棉织物坚牢耐磨，能够洗涤和在高温下熨烫。棉布由於吸湿和脱湿快速而使穿著舒服。如果要求保暖好，可通过拉绒整理使织物表面起绒。

根据纤维的长度和外观，棉花可分成3大类：第一类纤维细长（长度在2.5～6.5厘米范围内），有光泽，包括品质极佳的海岛棉、埃及棉和皮马棉等；长绒棉产量低，费工多，价格昂贵，主要用于高级布料、棉纱和针织品。第二类包括一般中等长度的棉花（长度约1.3～3.3厘米）；第三类为纤维粗短的棉花（长度约1～2.5厘米）用来制造地毯、棉毯和价格低廉的织物，或与其他纤维混纺。

棉花的主副产品都有较高的利用价值，正如前人所说“棉花全身都是宝”。它既是最重要的纤维作物，又是重要的油料作物，还是纺织、精细化工原料和重要的战略物资。

棉花的另一个重要用途是用于制作护肤抗皱的美容产品。

棉花还是重要的蜜源植物。棉花共分叶脉、苞叶和花内3种蜜腺，往往开花前叶脉蜜腺先泌蜜。长江中下游省区棉花的花期在7月下旬至9月上旬，黄河中下游各省为7月初至8月初，新疆吐鲁番为7月中旬至9月初。大流蜜期约40天，泌蜜适温35℃。新疆棉区一般群产蜜10～30千克，最高达150千克。其他棉区因花期频繁施用农药，伤蜂过重，蜜源利用价值大大降低，群产一般在10～20千克。20世纪80年代以来，全国棉花面积增长较快，部分省区积极推广生物防治技术，它已成为当地夏秋的主要蜜源。

三、棉花的品种

我国适宜种植棉花的区域广泛，棉区范围大致在北纬18～46度，东经76～124度之间，即南起海南岛，北抵新疆的玛纳斯垦区，东起台湾省、长江三角洲沿海地带和辽河流域，西至新疆塔里木盆地西缘，全国除西藏、青海、内蒙古、黑龙江、吉林等少数省（自治区）外，都能种植棉花。

全国主要有15个省市、自治区生产棉花，依据地理和气候条件，大致可以分为黄河流域棉区、长江流域棉区和新疆棉区。

黄河流域棉区主要有河北、河南、山东、陕西、山西、辽宁六省市。这些产棉地的特点是无霜期较短，温度较低，降雨量较少，棉花作物一般是一年一熟。而长江流域棉区主要有江苏、安徽、浙江、上海、湖北、四川、湖南、江西八个省市。这些棉区的自然条件是无霜期较长，温度较高，雨水充沛，棉花和越冬作物一年两熟。新疆棉区包括新疆和河西走廊一带，种植面积稳中有升。新疆棉花以纤维长、色泽洁白、拉力强著称，是我国最具有发展潜力的新辟棉区。新疆水土光热资源丰富，气候干旱少雨，种植棉花条件得天独厚，近几年棉花种植面积增加很快。

在我国的棉花栽培历史上，先后种植过四个栽培品种：海岛棉（长绒棉）、亚洲棉（粗绒棉）、陆地棉（细绒棉）和草棉（粗绒棉）。

现在我国棉花的主要品种是陆地棉，也叫细绒棉，原产美洲，所以又称美棉。陆地棉产量高、衣分高、纤维较长、适应性较广，可纺中支纱。其生长期对不良环境条件的抵抗力较强，经济价值较大，发展很快，已占全国棉田面积的98%。

其次是海岛棉，也叫长绒棉，原产北美洲，特点是种子大，一般为光子，是纺细特纱线的良好原料。纤维长、强度高是其优点，适合于纺高支纱。但其缺点是衣分较低，产量也不及陆地棉。海岛棉主要分布在华南和新疆地区，种植面积较小。

我国以前还种过亚洲棉和非洲棉，现均已淘汰。亚洲棉也叫粗绒棉，原产印度，特点是产量低、纤维粗短，不适合机器纺织。

四、棉花的类别与类型

（一）棉花的类别

目前，根据我国种植种类的不同以及所产棉纤维的长度、粗细程度的不同，可将棉纤维划分为细绒棉（陆地棉），长绒棉（海岛棉）和粗绒棉（中棉或草棉）三大类。

1. 细绒棉

细绒棉是指纤维较为细长的原棉，属陆地棉栽培品种，色泽洁白，可纺10～59支棉纱，也可与棉型化纤混纺。其产量高，质量也较好。中国种植并用在纺织上的棉花绝大部分属这一类，约占棉花总产量的99%。其纤维长度一般在25～32毫米，线密度为：

1.5～2dtex（5000～6500公支），强力2.9～4.4cN。一般来说，子棉棉瓣肥大膨松，呈灰褐色，表面附有灰白色短绒。棉纤维膨松、柔软、有弹性，颜色洁白或乳白，富有丝光。细绒棉可以用皮辊扎花机或者锯齿扎花机进行加工。

2. 长绒棉

长绒棉因纤维较长而得名。长绒棉的纤维又细又长，一般可纺 60 ~ 200 支纱，最高可纺 300 支纱。世界上以埃及的长绒棉最为有名，其纤维最长可达 35 毫米以上，纤维横断面接近圆形，漫射能力强，它的织物丝光好，染色效果也好。解放后，我国从国外引种在新疆的吐鲁番盆地和塔里木盆地，都获得成功。

其纤维细长柔软，弹力较小，品质优良，颜色是白色、乳白或淡黄色，富有丝光。纤维长度在 33 毫米以上，一般为 35 ~ 37 毫米，线密度为 1.2 ~ 1.4dtex（7000 ~ 8500 公支），单纤维强力 3.9 ~ 4.9cN。长绒棉棉瓣较小，部分棉瓣上有皱纹，棉子较小，呈黑色无短绒光子，或带有部分绿色短绒。多用于纺 4.9 ~ 9.7tex（60 ~ 120 英支）的高档纱或特种纱。加工时，因长绒棉长度细长，为了不损伤纤维的长度和整齐度，只能用皮辊机加工。

3. 粗绒棉

亚洲棉和非洲棉常被统称为粗绒棉。其纤维粗短而富有弹性，但手感较滞硬，色白或呆白，缺乏类丝光泽。纤维长度一般小于 23 毫米，线密度为 2.5 ~ 4dtex（2500 ~ 4000 公支），强力很大，单纤维强力 4.4 ~ 6.9cN。由于产量和实用价值较低，因而这种棉在国内已基本上被淘汰。

（二）棉花的类型

同一类别的棉纤维根据某些形状的不同，又可划分为不同的类型。

1. 根据棉纤维的颜色不同划分的类型

根据棉纤维颜色的不同，可将棉花分为白棉、黄棉和灰棉三种。

白棉是指正常成熟的棉花，纤维呈白色或乳白色，晶亮有丝光。黄棉又称霜后棉，晚期棉花由于受霜侵袭或其他原因，不能正常发育，成熟度差，纤维呈黄白色。因成熟度、杂质、水分和棉子大小的不同，白棉和黄棉纤维的附着力有差异。进行加工时，配车规格应不同。灰棉是指因风雨霉菌的侵袭，而使棉纤维呈灰白色。灰棉的强度很低，不能作为正常棉花使用。

2. 根据长绒棉长度划分的类型

长绒棉根据纤维长度和经济价值可以分为三类。

超长绒棉：即手扯长度 38 毫米以上的长绒棉，线密度为 0.9dtex（11000 公支），可纺 3.9tex 以下的高档纱线。

长绒棉：即手扯长度 34 ~ 37 毫米的长绒棉，线密度为 1.0 ~1.7dtex（6000 ~10000 公支），可纺 3.9 ~7.3tex 精梳纱。

中长绒棉：纤维长度介于细绒棉和长绒棉之间的一种棉花新品种。手扯长度 33 毫米的长绒棉，线密度为：

1.7 ~1.8dtex（5500 ~6000 公支），可纺 7.3 ~9.7tex。

3. 细绒棉轧花类型的划分

根据子棉加工方式的不同，细绒棉可分为皮辊棉和锯齿棉两种。由于加工特性不同，皮辊棉和锯齿棉纤维的外观形态、疵点种类以及含量都有很大不同。

从皮棉的外观特征来看：

（1）皮辊棉。

①纤维形态：鉴于皮辊轧花机的工作原理，机械对棉纤维的打击作用相对较小，棉纤维基本上没有损伤，整体上保持着原棉的自然形态，外观目测纤维平顺，成条块状，厚薄不均匀，有水波形刀花。

②色泽特征：皮辊棉的色泽呈原棉的自然色泽，重点污染、僵瓣棉、黄根等不正常现象较为明显。

③加工质量：皮棉的含杂率较高，品级为一、二、三级皮棉的含杂率大多在 1.7% ~2.3% 之间，杂质成分主要以破籽、不孕籽、叶屑、籽屑为多。皮棉疵点较少，没有棉结和索丝，但黄根比较明显。如果加工设备调整不当，或籽棉水分过高，在加工过程中易产生点状黑花。

（2）锯齿棉。

①纤维形态：鉴于锯齿轧花机的工作原理，机械对棉纤维的作用较大，棉纤维经过锯齿的勾拉和清理，原棉的形态发生了根本的变化，棉纤维比较紊乱、均匀蓬松。

②色泽特征：锯齿棉的污染部分被锯齿打散后均匀分布，纤维的整体色泽比较均匀一致，重点污染、僵瓣棉等不正常现象不太明显。

③加工质量：皮棉的含杂率较低，品级为一、二、三级皮棉的含杂率大多在 0.8% ~1.2% 之间，杂质成分主要以籽屑、叶屑、不孕籽为多。皮棉疵点较高，棉结、索丝、带纤维籽屑较多，但没有黄根。如果加工设备调整不当，或籽棉水分过高，加工过程中皮棉的棉结和索丝会明显增加。

由于皮辊轧花机和锯齿轧花机的工作原理和工艺流程不同，机械对棉纤维的打击作用不同，使皮辊棉和锯齿棉的外观形态和内在品质都有所不同。从外观形态上看皮辊棉杂质较多，重点污染明显，感观上要次于锯齿棉。但是从内在品质上来看，皮辊棉纤维受机械损伤小，皮棉的长度、整齐度、断裂比强度、短纤维指数指标都好于锯齿棉。

4. 其他划分

除了上面介绍的，还有一些因特殊原因造成的不正常的棉纤维。主要有以下几种：

不孕棉、回收棉，是指从锯齿扎花机排出的不孕子中回收的长纤维，又称不孕棉。火烧棉，是指从火灾中抢救出来的，但是已经烧残损并有焦味的棉纤维。油污棉是指在轧花过程中，沾了油污的棉纤维。水渍棉是指棉纤维被水泡过，纤维的蜡质层被破坏了，表面呈黄褐色。地脚棉，是指在收购、加工、打包、运输过程中，掉落在地面上，掺杂上了泥土、木屑、杂草等杂质，好次混合不清的棉纤维。

五、棉花新品种

（一）天然彩色棉

天然彩色棉是采用现代生物工程技术培育出来的一种在棉花吐絮时纤维就具有天然色彩的新型纺织原料。彩色棉制品有利于人体健康，在纺织过程中减少了印染工序，迎合了人类提出的“绿色革命”口号，减少了对环境的污染。

天然彩色棉花古已有之。在现墨西哥中部建立帝国的阿兹特克人就种植过红棕色、黄色和驼色等各种颜色的棉花。他们把这些彩色棉花织成色彩艳丽的棉布，并做成华丽的服装，在中美洲曾享有盛名。随着印染业的发展，长纤维棉花显示出优势，短纤维的彩色棉花便没有流传开来。美国研究人员萨莉·福克斯用中南美印第安人种植的短纤维棕色棉花同加利福尼亚州长纤维棉花进行杂交，经过5年的辛勤劳动，终于培育出彩色长纤维棉花。现在，萨莉已培育出赭棕色、墨绿色和其他天然彩色棉花，用这些天然彩色棉花织成的布不仅不会褪色，反而会越洗越深。

彩棉在我国的正式大规模研究种植还是在20世纪90年代，特别是90年代中后期，我国将彩棉的种植与应用推到了世界领先的地位。

（二）其他新品种

1. 生化抗虫棉

生化抗虫棉是指棉株体内或某些器官能产生某些特异代谢产物，对害虫产生抗性，害虫取食后消化系统受阻、厌食、体重降低、发育期延缓，甚至中毒死亡。现已证明，棉株体内单宁、棉酚、半棉酚酮、杀棉铃虫素、儿茶酸、皂角苷、槲皮素、芸香苷等次生物质含量高时均对棉铃虫产生抗性。这类抗虫棉的特点是丰产性好，抗虫性能稳定遗传，并能兼抗多种害虫，不足之处是杀虫的速效性明显不够，在一般年份抗虫性表现突出，但在棉铃虫暴发年份抗虫性表现不理想。

2. 观赏棉

观赏棉花是棉花的花、叶及株型等方面像花卉植物一样，色彩艳丽，形状特异，类型丰富，具有观赏价值的可栽培的棉花新类型。它营养生长和生殖生长正常、协调，适合于栽培种植。近几年河北省农林科学院棉花研究所在棉花的花色、花形、叶形及株型等方面创造了丰富的材料类型。

3. 绿色有机棉

在棉花种植过程中，采用有机耕种、多施有机肥料，采用生态防虫方法，少用或不用非生态农药和化肥，使种植的棉花中不含甚至少含有害人体健康的物质，这样就可以得到污染少甚至是无污染绿色有机的棉纤维。从源头上去除污染较为环保，且简单可行。

4. 天然不皱棉花

采用生物基因技术，不仅可以开发出天然彩色棉，而且可以得到天然“不皱棉花”。据美国农业生活技术公司宣布，他们已经培育出带有外源基因的“不皱棉花”。

这种基因来自能产生 PHB（聚羟基丁酸酯）聚合物的细菌，

将这种细菌的基因导入棉花的细胞，生长出来的新棉花仍保留原有的吸水、柔软等性能，但其保温性、强度、抗皱性均高于普通棉纤维。

因此，用这种“不皱棉花”制成的衬衫可免烫，从而消除含有大量甲醛（HCHO）的抗皱剂对人体的影响。

第三节 棉花的种植技术概述

抓好播种，确保一播全苗，是保证棉花高产的首要环节。播种保苗环节的栽培最重要的是实现“五苗”，即“早、全、齐、匀、壮”。“早”就是适期播种、早出苗；“全”就是不缺苗断垄、保证计划密度；所谓“齐”就是棉籽萌发出苗整齐一致；而“匀”就是棉苗分布均匀一致；“壮”是指棉苗生长稳健、根系生长迅速、最终实现棉花早现蕾开花、早结铃吐絮。播种要在搞好施肥整地造墒、选用优良品种的基础上，抓好种子处理、足墒播种、适期播种、适量播种、适深播种、抗旱播种，同时大力推广脱绒包衣种子技术和地膜覆盖技术。

一、施肥整地造墒

农谚说“土是本、肥是劲、水是命”，这说明棉花播种前搞好整地施肥造墒的重要性。一般要求棉花播种前 15 天左右及时进行整地施肥造墒。每亩施有机肥 6000 ~ 8000 斤，三元复合肥 100 斤，锌肥 2 ~ 4 斤，硼肥 2 斤，黄萎病发生地块要增施钾肥每亩硫酸钾 20 ~ 30 斤。生产实践证明，增施钾肥，黄萎病发病株率明显低于不施钾肥的。施肥后，及时耕翻整地，要把地整得无明暗坷垃上暄下实、平整无洼地，能在大雨后及时排水。一般低洼地块形成积水，容易引发黄萎病发生，严重时，造成棉花萎蔫死亡；平整地块发病较轻。整地后，有水浇条件的，要及时浇水造墒，为播种打好基础。

二、选用优良品种

“科技兴农，良种先行”，种子是最基本的生产资料，是棉花增产增收的第一要素。选用优良品种，主要抓好三点：一是选择一个适合自己种植的好品种。二是选择健子率高的棉种，一般毛籽健子率要在70%以上，脱绒包衣光籽健子率要在80%以上。另外，提倡种植脱绒包衣光籽。种子脱绒包衣，就是给棉种脱去短绒包上一层种衣剂，种衣剂中含有杀虫剂、杀菌剂、生长调节剂等成分，包衣棉种播到土壤中后，就可以在种子周围（3厘米）形成保护屏障，直接杀死地下害虫和土壤中的病原菌，同时被根系吸收，将药剂传送棉苗的地上部，以杀死棉花苗期的主要病虫害，对苗期病害虫防治具有良好的效果，有效期长达45~55天，同时可以促进早出苗，促进增产，一般可以早出苗2天左右，有利于实现一播全苗、壮苗早发，棉苗整齐度高，霜前花率高，单产平均增加7%~10%，同时脱绒包衣使棉种丸粒化，可以进行机械化播种，使用播种耧播种，能加快播种进度，提高播种质量。

但是包衣种子播种时绝对不能进行浸种，同时播种剩余的种子要深埋地下，防止人畜中毒。三是购买种子时，到正规种子门市部购买，要看好说明，索要购种发票，以便出现问题时进行索赔。

三、种子处理

（一）晒种

一般在播种前15天进行晒种。晒种，可以打破棉种的休眠状态，有效杀灭棉种表皮病菌，减轻苗期病害，促进种子后熟，增强种子吸水力和种皮透气性，提高种子发芽率和发芽势，促进种子萌发出苗。毛籽种子要在强光天气条件下曝晒3～5天，每天晒5～6个小时，一般摊晒厚度不超过10厘米，每天翻动3～4次，以保证晒匀晒透。脱绒包衣种子，要在弱光天气条件下晾晒1天左右。晒种时，特别注意不要在石板上、水泥地面或塑料薄膜上晒种，以避免高温灼伤棉种，影响种子发芽率。

（二）浸种

温汤浸种是我国一直沿用至今的传统毛籽处理方法，其主要作用是促进种子萌发出苗，特别是在土壤墒情较差的条件下，有利于实现一播全苗。脱绒包衣种子不能进行浸种。浸种的关键是掌握种子吸水不宜太多，一般以达种子本身风干重量的60%～70%、种皮发软、子叶分层为宜。浸种时间长短，以水温而定，18℃～20℃条件下，浸种12～16小时，捞出控干进行药剂拌种。不必强调温汤浸种，不提倡催芽。

（三）药剂拌种

药剂拌种，可以杀死种子携带的病菌和播种后周围土壤中的病菌，以提高出苗率，防治苗期病害，配合使用杀虫剂拌种，也可以减轻苗期虫害的危害。拌种药剂含有一定数量的杀菌剂、杀虫剂及适量的植物生长调节剂等。常用的药剂和处理方法是：按20斤干棉种用50%多菌灵可湿性粉剂50克加50%福美双可湿性粉剂30克拌种；或用40%双可湿性粉剂125克拌种。

四、足墒播种

棉种萌发出苗对水分、温度和氧气条件要求严格，尤其是水分。因此，有水浇条件的，播种前必须适时造墒，一般要求不迟于播前 15 天左右进行浇灌，以确保地温及时回升，不影响播种。无水浇条件的，要采用水种抗旱播种方式或地膜覆盖。

五、适期播种

温度是决定播期的重要依据。一般在 5 厘米地温 5 天稳定通过 14℃时，就是棉花的播种时期。根据我国的气候条件，棉花适宜播种期是 4 月中旬。但是近几年由于受倒春寒影响，这个时期常有阴雨天气，气温低土壤湿，常造成棉花苗病发生重，死苗严重，不利于保全苗。一般从终霜期考虑，掌握“冷尾暖头”抢时播种。近几年随着温室效应加剧，无霜期加长，一般霜降期推迟到 11 月上旬，因此可以适当晚播几天，以有利于保全苗。

六、适量播种

应根据播种方式、发芽率高低、留苗密度及土壤墒情状况而定。条播，每亩需毛籽种子 10 ~ 12 斤。点播或穴播，毛籽每穴 3 ~ 5 粒，每亩需种子 5 ~ 7 斤；脱绒包衣种子每穴 2 ~ 3 粒，每亩需要种子 3 ~ 4 斤。播种量不能过大，否则，既浪费种子，出苗后又易形成高脚弱苗，病害发生重。

七、适宜播深

一般播深以 34 厘米为宜。播后及时覆土并适当镇压。

八、抗旱播种

春季经常干旱，无造墒条件的棉田要实行抗旱播种，一般采用“水种包包”的方法。技术要点是：按行距要求开浅沟，沟深2.5～3厘米；匀溜水，水量以接到底墒为宜；水下渗后，按株距要求播种；然后覆土起脊，要湿土在下、干土在上，并适度镇压，脊高3～5厘米，脊宽10～13厘米；待70%棉籽扎根时，及时破脊去覆土，一次扒平放完。

九、地膜覆盖

春季温度回升慢、温度不稳定是限制棉花一播全苗、促壮苗早发的重要因素。地膜覆盖具有保温增温作用，同时具有保墒提墒作用，可以确保棉花一播全苗、壮苗早发。地膜覆盖棉花根据播种和覆盖的程序，可以分为先播种后覆盖和先覆盖后播种。一般采用先播种后覆盖，覆盖地膜时，地膜要与地面紧密接触，地膜边缘要尽量垂直压入沟内，入土深度不少于5厘米，同时覆膜后在膜上压土，一般每隔3～5米压一堆湿土，以防大风吹揭地膜，或地膜上下煽动伤害棉苗。

第四节　常见病虫害及防治

一、棉花红腐病

症状：在棉苗未出土前受害。幼芽变棕褐色腐烂死亡；幼苗受害，幼茎基部和幼根肥肿变粗，最初呈黄褐色，后产生短条棕褐色病斑，或全根变褐腐烂。

防治方法：在苗期阴雨连绵，棉苗根病初发时，及时用40%多菌灵胶悬剂、65%代森锌可湿性粉剂或50%退菌特可湿性粉剂500～800倍液，25%多菌灵或30%稻脚青可湿性粉剂500～800倍液，25%多菌灵或30%稻脚青可湿性粉剂500倍液，

70%托布津或15%三唑酮可湿性粉剂800~1000倍液喷洒，隔1周喷1次，共喷2~3次。

二、棉花黄萎病

症状：现蕾期病株症状是叶片皱缩，叶色暗绿，叶片变厚发脆，节间缩短，茎秆弯曲，病株畸形矮小，有的病株中、下部叶片呈现黄色网纹状，有的病株叶片全部脱落变成光秆。

防治方法：在轻病田和零星病田，采用12.5%治萎灵液剂200~250倍液，于初病后和发病高峰各挑治1次，每病株灌根50~100毫升。

三、棉花红粉病

症状：整个铃壳表生松散的桔红色绒状，比红腐病的霉层厚，病铃不能开裂，僵瓣上也长有红色霉粉。

防治方法：可喷用50%多菌灵、70%托布津、75%百菌清或65%代森锌等可湿性粉剂500~1000倍液。

四、棉花炭疽病

症状：棉籽和幼芽受害，变褐腐烂；棉苗受害，幼茎基部初呈红褐色斑，渐呈红褐色凹陷的梭形病斑，病重时斑包围茎基部或根部，呈黑褐色湿腐状，棉苗枯萎而死。子叶受害，叶缘产生褐色半圆形病斑，病斑边缘紫红色。

防治方法：在苗期阴雨连绵，棉苗根病初发时，及时用40%多菌灵胶悬剂、65%代森锌可湿性粉剂或50%退菌特可湿性粉剂500~800倍液，25%多菌灵或30%稻脚青可湿性粉剂500~800倍液，25%多菌灵或30%稻脚青可湿性粉剂500倍液，70%托布津或15%三唑酮可湿性粉剂800~1000倍液喷洒，隔1

周喷1次，共喷2~3次。

五、棉花枯萎病

症状：病株一般不矮缩，多由下部叶片先出现病状，向上部发展，病叶叶缘和叶脉间的叶肉发生不规则的淡黄色或紫红色的斑块。

发生规律：发病与温湿度，枯萎病一般土温在20℃左右时开始显症，土温上升到25℃~28℃时形成发病高峰，当土温上升到33℃以上，病菌受抑，出现暂时性隐症，入秋后待土温下降到25℃左右，又出现第二次发病高峰。

防治方法：在轻病田和零星病田，采用12.5%治萎灵液剂200~250倍液，于初发病后和发病高峰各挑治1次，每病株灌根50~100毫升。

六、棉花立枯病

症状：棉籽受害，造成料籽和烂芽；幼苗茎基部受害，出现黄褐色，水渍状病斑，并渐扩展围绕嫩茎，病部缢缩变细，黑褐色、湿腐状，病苗倒伏枯死。子叶受害，多在中部发生不规则形黄褐色病斑，易破裂脱落成穿孔。

防治方法：在苗期阴雨连绵，棉苗根病初发时，及时用40%多菌灵胶悬剂、65%代森锌可湿性粉剂或50%退菌特可湿性粉剂500~800倍液，25%多菌灵或30%稻脚青可湿性粉剂500~800倍液，25%多菌灵或30%稻脚青可湿性粉剂500倍液，70%托布津或15%三唑酮可湿性粉剂800~1000倍液喷洒，隔1周喷1次，共喷2~3次。

七、棉花曲霉病

症状：在铃壳裂缝处和虫孔处产生黄绿色或黄褐色的粉状霉层，高湿时呈绒毛状褐色霉层，棉絮也霉变，铃不开裂。

发生规律：在高温多湿条件下发生，8～9月份的雨量将成为铃病发生轻重的关键因素。

防治方法：可喷用50%多菌灵、70%托布津、75%百菌清或65%代森锌等可湿性粉剂500～1000倍液。

八、棉花角斑病

症状：真叶发病，初为褐色小点，渐扩大成油渍状透明病斑，后变为黑褐色病斑，扩展时因叶脉限制而呈多角形。

发生规律：苗期土壤含水量较高，7、8月份的铃期雨量较大，尤遭暴风雨侵袭时，角斑病易流行。

防治方法：在发病初期，喷洒1:1:120～220波尔多液、25%叶枯唑可湿性粉剂，或65%代森锌可湿性粉剂400～500倍液。

九、棉花黑星病

症状：全铃受害，铃壳变黑、僵硬，不开裂。铃壳上密生小黑点。高湿下全铃满布烟煤状粉末。病铃棉絮烃黑色僵瓣。

防治方法：在烂铃病原较复杂的棉区，可喷洒50%多菌灵、70%托布津、75%百菌清或65%代森锌等可湿性粉剂500～1000倍液；为提高防治效果，可用波尔多液或铜皂液加入上述药剂混合施用。

第五节 棉纤维的形态结构、品质构成与性能

一、棉纤维的形态结构

首先，棉纤维的界面形态结构是这样的，成熟正常的棉纤维，截面是不规则的腰圆形，中有中腔。不成熟的棉纤维，截面形态极扁，中腔很大。而过成熟的棉纤维则截面呈圆形中腔很小。棉纤维的截面由外至内主要由初生层、次生层和中腔三个部分组成。初生层是棉纤维在伸长期形成初生细胞壁。它的外皮是一层极薄的蜡质与果胶，初生层很薄，纤维素含量也不多。次生层是在棉纤维加厚积淀而成的部分，几乎全是纤维素。纤维素在次生层中的积淀并不均匀，以束状小纤维的形态与纤维轴倾斜呈螺旋形，并沿纤维长度方向有转向，这造成了棉纤维具有天然扭曲。纤维不生长后遗留下来的内部空隙就是中腔。同一品种的棉纤维，外周长大致相等，次生层厚时中腔就小，反之，则大。中腔内留有少数原生质和细胞核残余，它对棉纤维颜色产生影响。

其次，介绍一下棉纤维的纵向形态。棉纤维具有天然转曲的特点，它的纵面呈不规则的而且沿纤维长度不断改变转向的螺旋形扭曲。由此可以推测，成熟正常的棉纤维扭曲最多，棉纤维单位长度中扭曲转半周，即180°的个数称为转曲数。天然转曲使棉纤维具有一定的抱合力，有利于纺纱工艺过程的正常进行和成纱质量的提高。

二、棉纤维的品质构成

棉纤维是由受精胚珠的表皮细胞经伸长、加厚而成的种子纤

维，因此不同于一般的韧皮纤维。棉纤维以纤维素为主，占干重的93% ~95%。棉纤维具备的许多优良的经济性状，使它成为最重要的纺织工业原料之一。

（一）长度

目前国内主要棉区生产的陆地棉及海岛棉品种的纤维长度，分别以25 ~31 毫米及33 ~39 毫米居多。棉纤维的长度是指纤维伸直后两端间的长度，一般以毫米表示。棉纤维的长度有很大差异，最长的纤维可达75 毫米，最短的仅1 毫米，一般细绒棉的纤维长度在25 ~33 毫米，长绒棉多在33 毫米以上。不同品种、不同棉株、不同棉铃上的棉纤维长度有很大差别，即使同一棉铃不同瓣位的棉籽间，甚至同一棉籽的不同籽位上，其纤维长度也有差异。一般来说，棉株下部棉铃的纤维较短，中部棉铃的纤维较长，上部棉铃的纤维长度介乎二者之间；同一棉铃中，以每瓣籽棉的中部棉籽上着生的纤维较长。

棉纤维长度是纤维品质中最重要的指标之一，与纺纱质量关系十分密切，当其他品质相同时，纤维愈长，其纺纱支数愈高。支数的计算，是在公定回潮率条件下（8.5%），每千克棉纱的长度为若干米时，即为若干公支，纱越细，支数越高。纺纱支数愈高，可纺号数愈小，强度愈大。原棉长度和可纺支数的关系如表1 -1 所示。

表1 -1　原棉长度与可纺支数的关系

原棉种类	纤维长度（mm）	细度（米/克）	可纺织数（公支）
长绒棉	33 ~41	6500 ~8500	100 ~200
细绒棉	25 ~31	5000 ~6000	33 ~90
粗绒棉	19 ~23	3000 ~4000	15 ~30

（二）长度整齐度

纤维长度对成纱品质所起作用也受其整齐度的影响，一般纤维愈整齐，短纤维含量愈低，成纱表面越光洁，纱的强度提高。

（三）纤维强度

纤维强度是指拉伸一根或一束纤维在即将断裂时所能承受的最大负荷。单纤维强度因品种不同而异，一般细绒棉多在3.5～5.0克之间，长绒棉纤维结构致密，强度可达4.5～6.0克。

（四）纤维细度

纤维细度与成纱的强度密切相关，纺同样粗细的纱，用细度较细的成熟纤维时，因纱内所含的纤维根数多，纤维间接触面较大，抱合较紧，其成纱强度较高。同时细纤维还适于纺较细的纱支。但细度也不是越细越好，太细的纤维，在加工过程中较易折断，也容易产生棉结。

（五）纤维成熟度

棉纤维成熟度是指纤维细胞壁加厚的程度，细胞壁愈厚，其成熟度愈高，纤维转曲多，强度高，弹性强，色泽好，相对的成纱质量也高；成熟度低的纤维，各项经济性状均差，但过熟纤维也不理想，纤维太粗，转曲也少，成纱强度反而不高。

三、棉纤维的主要性能

（一）长度

棉纤维的长度主要取决于棉花的品种、生长条件和初加工的过程。通常细绒棉的手扯长度平均为23～33毫米，长绒棉为33～35毫米。棉纤维的长度与纺纱工艺及纱线的质量关系十分密切。一般长度越长，且长度整齐度越高，短绒越少，可以纺的纱就越细，纱线条干越均匀，强度越高，且表面光洁，毛羽少。

（二）线密度

棉纤维的线密度（细度）指标是指纤维单位长度的重量。特克斯（tex）是我国线密度的法定计量单位名称，是指 1000 米长纤维的重量以克表示。棉纤维的线密度主要取决于棉花品种、生长条件等。一般长绒棉较细，细绒棉较粗。在正常成熟的情况下，棉纤维的线密度小，有利于成纱强力和条干均匀度，可纺纱密度低的纱。

（三）吸湿性

表示吸湿性的指标是回潮率。回潮率是指材料所含水分的重量对材料干量的百分率。我国原棉的回潮率一般在 8% ~13%。原棉含水的多少会影响重量、用棉量的计算及以后的纺纱工艺。回潮率太高的原棉不易松开除杂质，影响开清棉工序的顺利进行。回潮率太低则会产生静电现象，造成绕罗拉、纱的条干不均匀等情况。

（四）强伸性

棉纤维的强伸性通常可用拉伸断裂强力或比强度、断裂长度和断裂伸长率来表示。棉纤维在纺纱加工过程中不断受到外力作用，一定的强度是纤维具有纺织加工性能的必备条件之一。棉纤维的强度主要取决于纤维的品种、粗细等。一般细绒棉的断裂长度平均为 20 ~ 30 毫米，长绒棉更高一些。棉纤维的湿强增加 2% ~10%。

（五）化学稳定性

由于棉纤维的主要组成物质是纤维素，所以它较耐碱而不耐酸。酸会促使纤维素水解，使大分子断裂，从而破坏棉纤维。稀碱溶液在常温下处理棉纤维不发生破坏作用，但会使棉纤维膨化。棉纤维在一定浓度的氢氧化钠溶液或液氨中处理后，纤维横向膨化，从而截面变圆，天然转曲消失，使纤维呈现丝一般的光泽。

（六）成熟度

棉纤维中细胞壁的增厚程度，即棉纤维成长成熟的程度称为成熟度。随着成熟度的增加，细胞壁增厚，中腔变小。棉纤维在生长期内，如果受到病、虫、霜等的侵害，就会影响纤维的成熟度。棉纤维的成熟度几乎与各项物理性能都有密切联系。成熟正常的棉纤维，天然扭曲多，抱合力大，弹性好，有丝光，对加工性能和成纱品质都有好处。成熟度综合反映棉纤维的内在质量。

第二章
棉花检验概述

第一节　棉花检验取样

一、取样原理和主要方法

(一) 取样原理

取样就是从总体中取出若干个个体组成的子样。子样中所含的个体数称为样本容量，通常用符号 n 表示，总体中的个体数用符号 N 表示。根据样本容量的多少，可以划分为大样本和小样本。样本容量（n）与总体中的个体数（N）之比（n/N），称为取样比例。

常用的随机取样，是指取样完全遵守随机原则，即完全排除主观意志的作用，保证总体中被抽取作为样本的每一个个体(或群体的概率相同)。只有这样，样本的检验结果才能用来对总体做出准确合理的判断。

棉纤维检验取样一般是以一批棉纤维为单位进行的，在统计学上称这批棉花为总体，组成这批棉花的各个棉包为个体。对一个棉样来说，这个棉样是总体，这个棉样的每根纤维就是个体。从总体中取出一部分棉样进行检验，这个棉样叫“子样”，即是日常工作中所说的“样品”。

（二）取样的常用方法

为了使子样的情况能够充分代表总体的情况，在实际工作中大都采用随机取样的方法。但是为了减少取样误差，在随机取样的前提下，常常根据具体的实际情况采用不同的取样方法。下面主要介绍 5 种取样方法。

1. 随机取样

直接从总体中抽取样本，且总体中的每个个体被抽到的概率是相等的。从理论上讲，这种取样方法最符合随机原则，它是取样中最基本的形式。但是很显然这种方法只适用于批量很小的并且均匀的总体。因此，在棉花收购站或扎花厂进行验收时，才采用这种方法。

2. 规律性取样

当产品品质变化周期比取样周期长很多时，采用规律性取样能够比较正确地取得代表性样品。在棉花的扎花和打包车间里，就只运用这种取样方法，按其生产班次和机台，相隔相同的时间取一次样品。对成包皮棉按棉仓包号取样，即相隔一定的号数进行取样，这些也属于规律性取样。

3. 代表性取样

把总体分成若干部分，在各个部分中，将随机取样的样品合并在一起而组成。在一批货中若包括不同的几个产地或棉包间品质差异较大时，常采用代表性取样。

4. 整列取样

整列取样适用于销地仓库取样。由于棉包已经堆垛，如果只从中抽取方便的棉包取样，则代表性不强。因此，应该根据实际情况，将整垛的一角或一部分棉包取下排列，从排列好的棉包中，按要求随机取样。在销地已经堆垛的棉包，本身已处于随机之中，为减轻工作量，可对整垛的一角或一部分进行全取，这同样符合随机取样的原则。

5. 阶段性取样

阶段性取样一般适用于总体很大，直接从总体中抽取所需样本很难的场合。操作的具体方法是，首先从N包棉纤维中抽取n包作为初级样本，然后从这n包中分别抽取一定数量的棉纤维，充分混合后作为实验室样品，再从实验室样品中进一步取样，直到取出测试所需的样品为止。

二、棉花细绒棉、棉花天然彩色细绒棉、棉花长绒棉国家标准取样

（一）取样数量

国家标准对于取样数量的规定如下：

1. 收购子棉的数量达到500千克的取样数量不少于1.5千克，小于500千克的就按照500千克计算。

2. 子棉大垛以垛为单位取样，10吨及以下大垛，取样10千克；大于10吨但小于50吨的大垛，取样20千克；50吨以上的大垛，取样25千克。

3. 成包皮棉每10包取一包，不足十包按照十包计算。每个取样的棉包抽取检验样品约300克，形成批样；抽取回潮率检验样品约100克，形成回潮率检验批样。

这三个国家检验标准在收购子棉时的具体取样做法：

1. 收购子棉采取多点随机取样方法；

2. 子棉大垛采取在不同方位，多点、多层、随机取样的方法，取样深度不低于30厘米。

这三个国家检验标准对成包皮棉取样的具体做法是：

棉包包身上部开包后，去掉表层棉花，抽取完整成块样品供

品级、长度、马克隆值、异性纤维和含杂率检验；再往内，10到15厘米深处，抽取回潮率检验样品装入取样筒内密封。严禁在包头取样。扎花厂出厂检验可从皮棉滑道上抽样。在整批棉花的成包过程中，每隔10次取一次。

（二）棉纤维业务检验取样

棉纤维业务检验取样主要是指在棉纤维收购、厂站交接、加工质量等环节的检验取样。

1. 收购检验取样

收购检验取样是正确执行价格策略，保证棉花收购质量一致性的基础，也是开展密码检验的重要内容。应用简单随机抽样和类型取样的方法，将棉花平放在平坦的地方，兼顾各个部位逐一抽取有代表性的棉样。动员棉农在出售棉花之前，先自行挑选整理后再取样。如果棉花的水分超过最高限度时，不进行取样。

2. 厂站交接检验取样

它是指收花站将收购的子棉集中到扎花厂时进行的检验取样。取样前，应分清标志、清点数量、核对货证，然后根据收购部门送交的子棉、皮棉质量等级，采用类型取样方式或简单随机取样的方法，在不同部位的适当深处随机抽样。

3. 加工质量检验取样

它是扎花厂为了检验产品质量而进行的取样。包括棉纤维品级、长度、含杂率、疵点、棉子毛头率、不孕子含棉率等项目的检验取样。前三项的取样采用跟班取样方法，每隔一定周期取样一次，每班不少于三次，每次不少于500克。

疵点检验抽样采取阶段性取样的方式。棉子毛头率、不孕子含棉率检验所用的棉样，则在轧花机运转的情况下，分别从淌子板和排杂处随机抽取。皮棉成包前的检验取样，一般由轧花厂棉检员进行跟班取样。皮棉承包后的检验取样习惯上称开包取样。

（三）棉纤维试验取样

棉纤维试验取样与业务检验取样有较大差别。它是指当需要了解一批棉纤维的内在品质时，当需要通过仪器进行测试时所进行的取样。棉纤维试验取样按其所使用的仪器不同，需参照仪器试验标准的有关规定进行。

三、仪器化公证检验取样

这里介绍一下取样方法。仪器化公证检验取样采用逐包取样的方法。取样人员在（227±10）千克棉包的两侧，用双手将打包机切割装置好的样品从连接部分的根部取下。每个切割样品长是260毫米，宽是105或者124毫米，重量不低于125千克。棉花样品应保持原切取的形状、尺寸，即样品为长方形且平整不乱。

第二节　棉花类别类型的检验

为了便于分开存储、加工、分配和使用，贯彻“优棉优质”和“优棉优用”政策，在检验纤维的其他品质之前，首先要做好原棉检验不可缺少的类别和类型检验。

一、棉纤维类别检验

检验棉纤维类别，一般采用感官检验法，将棉样放在工作台上，看子棉、棉子和纤维的外观形态、手感及纤维的粗细、软硬、软化程度以及手扯长度来决定。

二、棉纤维类型检验

（一）白、黄、灰棉的类型检验

白、黄、灰棉的类型检验是根据棉纤维基本色泽确定的：棉纤维大多呈现白色的定为白棉类型；大多呈现黄色的定为黄棉类型；大多呈现灰白色或灰色的定为灰棉类型。黄白类型的棉花不能掺混，哪种比例大就定为哪种类型。鉴定时可参照黄白棉类型的品级实物标准，有条件的可借助色泽仪测定棉纤维的黄色深度值。

（二）长绒棉长度类型检验

通过手扯和尺量等来鉴定。

（三）细绒棉轧花类型检验

此处可以参考第一章有关“棉花的类型”的内容。

（四）其他棉类型检验

其他棉类型检验，可以按照各种棉纤维的特点进行。这些可以参考第一章棉花的类型。

三、类别与类型代号

（一）类别代号

细绒棉为1，粗绒棉为2。

（二）类型代号

黄棉用字母 Y 表示，灰棉用字母 G 表示，白棉不作表示。子棉的类别名称与皮棉相同。

（三）仪器化检验中的棉花花色特征类型代号

白棉为1，污染棉为2，黄染棉为3。

第三节　棉花等级检验

棉花分级是在棉花收购、加工、储存、销售环节中确定棉花质量、衡量棉花使用价值和市场价格必不可少的手段，能够充分合理利用资源，满足生产和消费的需要。

棉花等级由两部分组成：一是品级分级，二是长度分级。等级是品级和长度的总称，如该批棉花等级是129，所表示的意思是：品级是1级，长度级是29毫米。人们常说“我的棉花等级是1级“，这是错的，正确的说法应是：我的棉花品级是1级。

注意：千万不能把等级和品级混为一谈。

一、品级分级

一般来说，棉花品级分级是对照实物标准（标样）进行的，这是分级的基础，同时辅助于其他一些措施，如用手扯、手感来体验棉花的成熟度和强度，看色泽特征和轧工质量，依据上述各项指标的综合情况为棉花定级。国标规定，三级为品级标准级。目前细绒棉分为1~7级，长绒棉分为1~5级，级数愈大，质量愈差。

棉花品级即为棉花品质的级别。品级是棉纤维质量的重要指标之一，品级的高低标志着棉花品质好坏的程度和使用价值的大小。对棉纤维科学合理的定级，可作为收购、交接、加工、销售等环节的结价依据之一，也可为纺织工业及其他以棉纤维为原料的工业部门提供技术依据。

（一）棉花品级的条件

我国现行的棉花品级条件是内在质量和外观形态相结合的品

级条件。

1. 成熟条件

正常成熟的棉纤维在显微镜下，细胞壁厚，中腔小，棉纤维截面积大，有较多的天然转曲；纤维的手感、弹性好，强度高；目测有丝光或丝光好。反之成熟度不够的棉纤维，细胞壁很薄、中腔大、纤维截面积小、天然转曲很少或没有；手感、弹性差，强度低；目测无丝光。在品级描述中，用成熟度良好、正常、一般、稍差、较差、差、很差来描述各级成熟程度，并制定了因棉花品种不同而略有不同的品级条件参考指标。

2. 色泽程度

色泽程度在世界大多数国家都被作为鉴定棉花品级的主要指标。棉纤维的颜色是人眼的一种视觉现象，人们所看到的棉花的颜色一般包括两个方面，即基色和污染色。基色就是棉花本来的颜色，这主要取决于品种、土壤和气候条件；污染色则是由于外界原因造成的，如雨水、病虫害。

棉纤维颜色的描述主要有以下几种：白色类即洁白、乳白、白；黄色类即阴黄、灰黄、黄；灰色类即浅灰、灰白；污染色类即淡黄染、浅黄染、黄染和污染棉。

棉花的光泽反映了棉纤维的成熟程度，标准中用丝光好、有丝光、稍有丝光、无丝光表述。棉纤维的横截面形态对光泽的影响较大，截面越接近圆形，光泽越显得均匀柔和。棉纤维的层次构造、表皮蜡质、脂肪含量对光泽也产生影响。

3. 轧工质量

轧工质量是评定皮棉品级的三大条件之一，对皮棉的使用价值影响很大。从狭义上讲，轧工质量是指如色泽、疵点等有关皮棉的外观形态的质量；从广义上讲，轧工质量还与棉籽毛头率、不孕籽含棉率、衣分亏耗等有关。

在品级三条件中，影响轧工质量的具体因素是疵点和杂质。在棉花中，皮辊棉的轧工质量以黄根、杂质的多少来评定，分别以很少、少、较少、稍多、较多、多、很多来表述。

（二）影响棉花品级的因素

原棉品质是决定纺纱质量的关键因素，它主要是由三个方面决定的：一是遗传品质，受遗传基因或品种本身的影响；二是生产品质，受栽培管理措施及气候环境等的影响；三是加工品质，受采收、加工过程的影响。因此要提高原棉品质，必须采取以下三点措施：

1. 选择优质棉品种

优质棉品种是指各项品质性状良好，符合纺织要求的棉花品种。具体来说，就是纤维长度、细度和强度等各项指标适应纺织和市场需要，有较好的纺织利用价值。同时还要兼顾其他各项经济性状，如较好的丰产性、适应性、抗虫性以及抗病性，品种的熟性也必须与种植区域、种植制度相适应。选择合适的棉花品质是生产优质棉花的基础。

2. 合理的栽培管理

栽培管理措施影响棉花生长发育和群体结构，进而影响棉花的品质。苗期管理不当会造成棉花晚发晚熟，肥力不足。棉花营养不良不仅影响产量，还在很大程度上影响棉花纤维品质。棉田通风透光差、株间荫蔽影响棉铃发育进而影响棉花纤维品质。气候和病虫对棉花品质也有较大影响，干旱能降低纤维生长速度，从而导致纤维长度变短，涝渍则可降低纤维强度。棉铃虫、红蜘蛛、金刚钻、枯黄矮病也会造成纤维品质下降。因此，要在选择合适品种的基础上，进行科学的棉田管理。

3. 科学采收和加工

适时采摘是保证棉花优质的重要环节。通常以棉铃开裂后7

天左右采收为好。采摘时做到“五分”、“四净”，要注意气候的变化，成熟的棉花必须在风雨、风沙前及时采摘。轧花时要根据纤维的长度、强度及含水量等实际情况因花而宜，合理配车，达到优质、安全、高产的目的。

因此，优质棉的生产贯穿从品种的选择、田间管理到采收加工全过程，因此，只有严格科学管理，才能提高棉花品质。

（三）品级鉴定方法

国标规定：含有相邻品级的一批棉花中，所占比例80%及以上的品级为主体品级。

这个规定有以下几个含义：主体品级的棉花要占该批棉花80%及以上；一批棉花中，要有一个品级至少占该批棉花80%及以上的比例，否则，这批棉花无主体品级，质量不符合要求。一批棉花中，不允许有跨主体品级（跨主体品级是指主体品级及其上下相邻品级之外的其他品级）的棉花存在，只允许有相邻品级的棉花；一批棉花中，与主体品级上下相邻品级的棉花所占比例之和不得超过20%。一般有以下情况：

1. 一、二级棉花的比例为80%:20%，则主体品级为一级，棉花质量符合7.3.2条要求。

2. 一、二、三级棉花的比例为5%:90%:5%，则主体品级为二级，棉花质量符合7.3.2条要求。

3. 一、二、三级棉花的比例为80%:10%:10%，则主体品级为一级，但棉花质量不符合7.3.2条要求，因为三级为跨主体品级的棉花，必须挑包整理后重新检验，使其符合棉花质量要求。

4. 一、二、三级棉花比例为20%:70%:10%，无主体品级，棉花质量不符合7.3.2条要求，必须挑包整理后重新检验，使其符合棉花质量要求。

5. 一、二级棉花比例为52%∶48%，无主体品级，棉花质量不符合7.3.2条要求，必须挑包整理，使其符合棉花质量要求。

6. 一、三级棉花比例为90%∶10%，则主体品级为一级，但棉花质量不符合7.3.2条要求，因为三级为跨主体品级，必须挑包整理。

注意：计算各相邻品级的百分比时，修约到一位小数，即0.1个百分点。

二、长度检验

棉花纤维长度检验，在基层棉花收购检验、工商交接和纺织配棉中占有重要地位。它是依据国家棉花长度实物标准，用手扯尺量法选取众数长度（接近于仪器测定的主体长度）作为棉花结价和纺织配棉的依据。棉花长度检验不仅关系到纺织工业生产，也关系到棉花生产和棉农的利益，因此做好长度检验工作有着重要的意义。

响棉纤维长度的主要原因：不同品种、不同棉株、不同棉铃上的棉纤维长度有很大差别，即使同一棉铃不同瓣位的棉子间，甚至同一棉子的不同子位上，其纤维长度也有差异。大体上，棉株下部棉铃的纤维较短，中部棉铃的纤维较长，上部棉铃的纤维长度介乎二者之间；同一棉铃中，每瓣子棉的中部棉子上着生的纤维较长。另外，气候、土壤、生长日期以及轧棉工艺，对纤维长度都有一定影响。

（一）棉纤维长度的概念

一根棉纤维伸直时两端之间的距离为棉纤维的长度。一束、一包或一批原棉中各根棉纤维的长度不完全相同，即使在同一棉株、棉铃甚至同一棉籽上，各根纤维的长度也有差异。棉纤维的长短不齐形成长度分布，在实用中根据统计或物理意义定出原棉的各种长度指标。一般所说的棉纤维长度常指商业长度而言，通常是手扯长度。在纺织工业中根据工艺上的需要（如设计罗拉隔距、细纱拈度、控制落棉和质量管理等），常常使用主体长度、品质长度、短绒率等有关长度的指标。

（二）表示棉纤维长度的指标

棉纤维的长度指标常见的有手扯长度、主体长度、平均长度、跨距长度（或称跨越长度）等，中国和有些国家多使用罗拉式长度分析仪，其长度指标为主体长度、品质长度、短绒率、基数、长度均匀度等。

手扯长度，又称商业长度。手扯又分为对扯法和平扯法两种。习惯上使用对扯法即用双手握住棉样撕成两截，把右手棉样重叠于左手中，合并握紧，对棉样中的游离纤维稍予清除，再按规定方法左右手交叉反复重叠，最后整理成较整齐的棉样，用尺量其长度。这种方法代表性大，效率高，适用性广，缺点是很难避免由于人为因素造成的误差，而且不能了解纤维长度的分布情况和有关指标。手扯长度一般较接近于重量主体长度，当纤维长度不匀较大或整齐度差时，往往略大于主体长度。

主体长度，在纤维长度分布频率图上频率最大处的纤维长度，分为重量主体长度和根数主体长度两种。一般所谓主体长度是指重量主体长度，以纤维长度分组称重来计算。主体长度位于重量最大的一组，规定用差数法作插值计算。

品质长度，又称右半部平均长度或主上平均长度，指重量主体长度以上的纤维按重量加权的平均长度。中国在设计或校准细纱机的罗拉隔距时，常以品质长度为主要参考指标。

平均长度，有按重量加权平均和按根数加权平均两种。在长度检验中一般用按重量加权平均长度，但在计算成纱中拉伸纤维的滑脱率以推算棉纱强力时，则以使用按根数加权的平均长度为宜。

跨距长度，纤维长度测量仪器照影机所采用的棉纤维长度指标，现开始用伸展长度代替。假设梳子随机握住棉纤维试验须丛，以梳子根部的纤维量为100%，对应于纤维量某一百分率的跨距长度，等于从梳子根部到该处的距离。美国规定2.5%跨距长度为商业上收付的标准长度。

（三）棉花长度检验方法

在国家标准中通常采用仪器检验与手扯长度快速检验长度。手扯长度快速检验长度方法虽比仪器粗放，但不受条件限制，工具简单，简便易行，适应性广，代表性大，效率高。而且在手扯过程中，还可以估验纤维的整齐度、强力、成熟度、短绒等品质情况。因而此法在国内和国际贸易中都被广泛采用。

检验室检验棉花长度一般采用手扯尺量法，检验时，取代表性的棉样，双手平分，抽取纤维反复整理成没有丝团、杂物和流离纤维的平直棉束约60毫克，棉束宽度约40毫米；置于黑绒板上用纤维专用尺在棉束两端切线，切线位置以不露黑绒板为准，量取两切线距离，量取结果保留一位小数。手扯尺量的方法：

1. 在抽取纤维时，如单挑露在试样外面的纤维抽拔，取到的纤维是较长部分，得到的结果偏长；如在固定处抽取纤维时，结果很不稳定，有时结果偏长，有时偏短；如一处一次普遍抽取纤维，这样结果容易偏长。据分析科学准确地抽取纤维具有整体均匀集中性。如分处分次抽取纤维，每处三次，这样长短结合，有集中性，结果就贴近于真实值。

2. 在整理棉束时，要注意纤维束的宽度，一般控制在1厘米左右，手指间的夹持面不和束向垂直，均会使棉层相叠时歪斜，造成棉束端部不整齐，而手扯棉束是建立在一头先齐的基础上，所以任何一把棉束端部不整齐，就无法正确验出其手扯长度，它的结果不是偏长就是偏短。

操作时需要注意的细节有：

1. 长期手扯较长（较短）的棉花，突然再扯较短（较长）的棉花容易产生错误的对比。如在连续手扯31毫米级程度良好棉花时，碰到个别稍短仍在该范围内的棉花，常易感到不同而误写30、29毫米的棉纤维，若碰到稍长便仍在该范围内的棉束，总容易误定为32毫米。这时应借助于测量长度的仪器，切不可凭经验猜测。

2. 在手扯时受别人思想左右，没有主见，随大流，往往会找不到主体长度纤维，结果把棉束拉得偏长或偏短，所以在进行手扯长度检验时，一定要集中思想，不受干扰，独立决断，认真操作。当然，在手扯长度检验的同时，检验工可以用手感目测的方法，以丰富的实践经验来估计这批原棉的各种物理性能，如细度、强力、整齐度等，从而能迅速地综合评定这批原棉的纺纱价值。

3. 手扯过程中，还是易受表面现象的迷惑，使主观感觉上产生误差，如整齐度参差的棉花手扯时头几层纤维较长，较湿的棉花纤维内的磨擦力大等。在时间上让人感觉到较长，这些均易产生纤维较长的印象。因此，手扯长度时不能刚整理几把，就认为已经掌握该棉样的长度，不能根据自己的主观猜测断定纤维长度，必须借助一定的测量工具，测量纤维的手扯长度，应自始至终，集中注意力，认真仔细地做好每一个细节的工作。

棉花长度分级是指，棉花纤维长度以1毫米为级距，分为25～31毫米七个长度级，28毫米为长度标准级。除25毫米外，其他均为保证长度。也就是说，28毫米表示棉花纤维长度为28.0～28.9毫米，以此类推。同时规定五级棉花长度大于27毫米，按27毫米计；六、七级棉花长度均按25毫米计。

品级分级与长度分级组合，可将棉花分为36个等级，构成棉花的等级序列。如国家制定指导价的标准品级是328，“328”即指长度为28.1~29.0毫米的3级棉花。

棉花的等级标准见表2-1。

表2-1 棉花等级表

品级 长度(毫米)	一级	二级	三级	四级	五级	六级	七级
31	131	231	331	431			
30	130	230	330	430			
29	129	229	329	429			
28	128	228	328	428	528		
27	127	227	327	427	527		
26	126	226	326	426	526	626	726
25	125	225	325	425	525	625	725

三、强度检验

棉纤维的强度值是棉纤维的重要品质指标之一。它与纤维的成熟度、细度有密切的关系，对纱布质量有着重大的影响。在其他条件相同的条件下，棉纤维的强度越高，成纱强度就越高，织成的布强度也就越大。因而在纺纱配棉之前，必须对棉纤维的强度进行测定。

四、马克隆值检验

马克隆是英文Micronaire的音译，马克隆值是反映棉花纤维细度与成熟度的综合指标，数值愈大，表示棉纤维愈粗，成熟度愈高。马克隆值高的棉纤维能经受机械打击，易清除杂质，成纱条干均匀，外观光洁，疵点少，成品的制成率高。成熟度高的棉纤维，吸色性好，织物染色均匀。但马克隆值过高，纤维的抱合力差，成纱强力和条干均匀度反而不好。马克隆值过低的棉纤维，往往成熟度差，容易产生有害疵点，染色性能差。所以，只有马克隆值适中的棉花，才能兼顾两个方面，获得较全面的经济效果。

具体测量方法是采用一个气流仪来测定恒定重量的棉花纤维在被压成固定体制后的透气性，并以该刻度数值表示。马克隆值分三个级，即 A、B、C，标准级是 B 级。A 级优于 B 级，B 级优于 C 级，见表 2－2。

表 2－2　马克隆值级分级标准

马克隆值分级范围	3.4 以下	3.5～3.6	3.7～4.2	4.3～4.9	5.0 以上
马克隆值级	C1 级	B1 级	A 级	B2 级	C2 级

棉花标准将马克隆值检验分按批检验和逐包检验两种情况。

五、异性纤维检验

异性纤维是指混入棉花中的非棉纤维，如化学纤维、丝、麻、毛发、塑料绳等。在棉花加工行业中，异性纤维也称为“三丝”，但“三丝”最初是指棕丝、麻丝、头发丝。混入棉花中的危害性杂物，对棉花质量来说不是一般性缺陷，而是严重缺陷，因此，标准中将危害性杂物作为棉花质量的考核指标。

在纺织厂生产的流程中，异性纤维一般很难清除掉。纺纱织布后，会给布面造成色花疵点，特别是印染后，这一问题更为突出，严重困扰了纺织企业的生产。

目前，从收购棉花的源头还很难解决“三丝”问题。为了解决这个问题，很多纺织厂都不惜工本，花费大量的人力物力，采取了各种解决办法。最简单的方法就是人工挑拣异性纤维。但这个方法有其自身的不足，人工挑拣杂纤维，需要大量的场地，将原棉逐包拆开、撕扯，用手工一点一点拣杂，然后还要将拣过的原棉重新打包后使用，对于生产规模较大的纺织厂，需挑拣的棉包每天都有几十吨甚至近百吨，其难度可想而知了。另外人工挑拣的质量也很难保证。同时由于一般的纺织厂，不具备轧花厂专用的打包机，只能使用废棉打包机重新打包，打成的包，比较松散。在使用当中，特别是在产量很高的清梳联生产线使用，因为棉包松散，抓包机的效率受到影响，整条生产线产量还会降低。

另外还有的厂家，采取了半机械化的检杂方式，像国外的巴基斯坦的纺织厂，先将原棉经抓包机开松后，由凝棉器输送至一条很长的水平帘子上，帘子上方有紫光灯照明，帘子两侧则有工人检杂。由于抓棉机开松的效果与产量都较高，就相对节约了人力物力，显然比纯人工检杂又进了一步。尽管如此，检杂的效果还不是十分理想。

针对这一问题，近几年来，异性纤维在线捡出装置应运而生，并且有了很大的发展。除了国外有不少的公司生产外，国内也有厂家相继开发研制生产各种异性纤维捡出机。据不完全统计，国内就有近十家公司在生产一线检出机。异性纤维长期困扰纺织企业的难题，有望得到解决。

第四节 棉花公量检验

为了使标准更加适合市场经济的需要，新实行的国家检验标准增加了公量检验方面的内容，包括含杂率、回潮率、子棉公定衣分率检验和成包皮棉公量检验。

一、棉花含杂率

含杂率指棉花中含有的如沙土、枝叶、铃壳、软籽表皮等非危害性杂物的比例。国标标准规定锯齿棉标准含杂率为2.5%。实际工作中一般用原棉杂质分析机测定原棉含杂率。

危害性杂物是指混入棉花中的对棉花加工、使用和棉花质量有严重影响的硬杂物和软杂物，如金属、砖石、化学纤维、丝、麻、毛发、塑料绳、布块等异性纤维或有色纤维等。国标标准规定：棉花中严禁混入危害性杂物。

二、棉花回潮率检验

回潮率过去叫做含水率，为了与国际接轨，改叫回潮率。但这两个词的概念是不一样的。含水率是指棉花中所含的水分与湿纤维重量的百分比，而回潮率是指棉花中所含的水分与干纤维重量的百分比。国家标准规定，棉花公定回潮率为8.5%，回潮率最高限度为10.5%。回潮率的具体计算公式为：回潮率=（湿纤维重量－干纤维重量）/干纤维重量×100。实际工作中一般用电测器法测定原棉回潮率。

在一定范围内，同一棉样回潮率不同时，所测出的手扯长度会明显不同。原因是棉纤维在吸收一定量的水分之后，纤维的长度和纵向面积发生膨胀，表现出各种特性，天然转曲数会变少，特别是转曲弹性会变弱，从而使纤维吸湿时的手扯长度要比干时所扯的长度要长。据经验丰富的棉检员和一些纤维工作者的多次反复试验对比证明：棉花含水变化超过2%以上时，手扯长度结果一般会产生1毫米左右的差异，所以在收购检验时，为了消除水分对手扯长度的影响，最准确的方法是将较干或较湿的棉花进行堆放或摊晒，使之恢复正常状态后再检验。

三、子棉衣分检验

子棉衣分是考核棉花品种优劣的一项重要指标，也是收购子棉时的一个重要检验项目。衣分检验结果是否准确，直接关系到棉花常量和棉农的经济效益。认真做好衣分检验工作，对促进执行优棉优价、推广棉花优良品种、改进栽培技术和发展棉花生产都具有重要意义。

下面着重介绍籽棉公定衣分率检验和成包皮棉公量检验。

（一）籽棉公定衣分率检验

1. 收购籽棉检验

收购籽棉公定衣分率检验的步骤是：

第一步，先称出籽棉试样重量1千克（G0），在试轧车上试轧，将轧出皮棉称重，得出皮棉净重（G）。

第二步，根据皮棉的实际含杂率和标准含杂率，利用标准中的公式（1）计算轧出皮棉准重（Gn）。

第三步，根据准重Gn和籽棉试样重量G0，利用标准中的式（2）计算籽棉的准重衣分率。如果有两个以上籽棉试样，则要计算它们的平均准重衣分率。

第四步，根据准重衣分率和棉花实际回潮率、公定回潮率，利用标准中的式（3）计算出籽棉的公定衣分率。如果是两个及以上籽棉试样，则利用平均准重衣分率和标准中的式（4）计算出籽棉的公定衣分率。这里要注意，当两个及以上试样时，式（4）中的棉样实际回潮率 R 应是这几个籽棉试样轧出各皮棉棉样实际回潮率的平均值。

第五步，根据籽棉的重量和籽棉公定衣分率，利用标准中的式（5）计算出籽棉折合皮棉的公定重量，用于与棉农进行结算。

2. 籽棉大垛检验

根据标准中 5.2.2 条，籽棉大垛根据籽棉数量抽样 10 千克或 20 千克或 25 千克，一个试样可大约按 1.5 千克计，分别形成 5 个或 10 个或 12 个试样。然后按上面的步骤进行检验。

（二）成包皮棉的公量检验步骤

第一步，检验毛量。检验时，可以逐包过磅也可以数包一起过磅。衡器规格型号不作统一规定，但要求衡器精度不低于 1‰。

第二步，检验皮重。为此，要根据批量大小及包装物规格是否有区别的情况，抽取有代表性的棉包 2～5 包，开包称取包装物重量，计算单个棉包的平均皮重。

第三步，计算净重。根据毛重和皮重，利用标准中的式（6）计算净重。

第四步，根据净重和棉花实际含杂率、标准含杂率，利用标准中的公式（7）计算准重。

第五步，根据准重和棉花实际回潮率、公定回潮率，利用标准中的公式（8）计算该批棉花的公定重量，精确到 0.001 吨。

第三章
棉花初加工

棉花加工工艺过程是生产过程的主要部分。棉花加工工艺又分为初加工和深加工两个大步骤。

初加工主要是指前期的准备阶段，采用烘干（或加湿）、清理工艺方法，为后续加工提供含水适宜、充分松懈且清除了大部分外附杂质和部分原生杂质的籽棉过程。深加工阶段则是对籽棉、棉籽进行轧、剥，对皮棉、短绒进行清理，对不孕籽等下脚料进行清理回收，以获得棉花加工厂生产的各种产品的过程。

第一节 子棉预处理

子棉的预处理是指子棉的干燥（或加湿）及清理。它是棉花加工工艺的第一道工序。轧花厂子棉的存储有袋装和散装两种形式。由于堆高而使子棉压得比较严实，子棉的含水量常常差别较大。而且子棉含有各种类型的天然杂质和外附杂质，为了使后道工序顺利进行，保证加工出品质优良的产品，应根据子棉的不同条件，在轧花以前就进行必要的预处理。

子棉预处理的基本要求是：

控制子棉的水分，使之符合加工的要求；应充分地松懈子棉，而不损伤纤维及棉子，在松懈的过程中，防止或减少棉瓣与杂质的破碎；最大限度地清理杂质，特别是危害性较大的杂质，在清除的同时，尽量减少子棉的损失；满足后道工序对子棉的要求。

目前我国的子棉还是以人工采摘为主，但是机采棉也发展迅速。中国新疆生产建设兵团是我国发展机采棉的领头兵。随着机采棉的普及，对子棉预处理的要求越来越高，子棉预处理机组的设备投资比例也在不断提高。子棉预处理的设备及工艺水平，在一定程度上取决于采棉机械化的发展速度，两者相互适应，相互促进。

第二节　子棉的加湿与干燥

一、子棉水分与子棉加工质量的关系

原棉含水率的高低不仅影响原棉的重量，而且影响原棉的质量。原棉含水率高时，开松困难，纤维容易扭结成棉结，纤杂不易分离，而且易破裂，使成纱的棉结、杂质增加，同时在加工的过程中，各类半制品的重量不均率也不易控制，容易增加成纱重量不均率。如果原棉含水率过低，纤维的刚性增加，抱合力减少，在梳棉工序纤维网容易松散，易破网断头，在其他工序也因纱条松散，容易发生缠绕胶辊罗拉或者断头。并且，在整个纺纱过程中都容易发生飞花，严重污染工作环境。因此应控制原棉的

含水率。

如果含水率高，应结合松包让其充分散湿，如果含水率过高，则应通过晾晒或者烘干等方法进行去湿处理，使含水率降到10%以内。在使用清钢联设备时，应将原棉含水率降低到9.0%以内。如果原棉含水率低，应在分级室内结合松包让其充分吸湿，如果含水率过低，则应进行给湿处理，使含水率提高到7%以上。

国内外生产实践和研究表明，在大多数生产条件下，最适宜加工要求的纤维的水分为7%～8%。

二、子棉加湿与干燥的原理

空气的干湿程度称为湿度，湿度有绝对湿度和相对湿度的区分。从相对湿度的角度说，在一定温度下，空气的相对湿度越低，棉纤维中的水分蒸发越快；反之，就越慢。空气的相对湿度增加到一定程度时，水分不但不能从纤维中蒸发，反而会使棉纤维从空气中吸收水分。从绝对湿度的角度说，棉花和空气的蒸汽压力差是促使棉花除掉水分或增加水分的驱动力。水分一般从高蒸汽压力区向低蒸汽压力区移动。如棉花周围的空气具有的水蒸气压力比湿棉花水分的蒸汽压力小，棉花内的水分就可以被干燥。

三、籽棉回潮率的调节

为了使籽棉水分达到最适宜加工工艺的要求，当籽棉水分过低时，要适当加湿；籽棉水分过高时，则需要进行干燥。就目前棉区分布情况而言，新疆棉区、黄河流域棉区的籽棉水分偏低，要适当加湿；而南方大部分棉区，籽棉水分偏高，多数要进行干燥。

（一）籽棉加湿的方法

籽棉加湿可以利用自然条件，如雾天或夜间掀起垛顶覆盖物或将籽棉铺散开，使其吸收空气中的湿气；也可以进行人工喷雾加湿，在工艺流程上采用专门的加湿设备进行加湿。

（二）籽棉干燥的方法

籽棉干燥的最经济的办法是利用晴天晾晒，使籽棉中的水分蒸发。在棉花加工工艺过程中，一般采用专门的烘干设备，将籽棉烘干。籽棉烘干是以空气为介质，先将空气进行加热，提高空气的温度，降低空气的相对湿度，然后将加热后的空气送入籽棉输送系统和烘干机内，利用流动的热空气将籽棉的水分蒸发、吸收、带走，从而达到烘干目的。

四、控制好棉花水分

（一）严格执行国家标准，加强籽棉收购时对回潮率的检验工作

仪器检验与感官检验相结合，对籽棉车辆多层（上、中、下）、多点（前、后、左、右、随机）、多次（内场、外场）检验，确保籽棉水分的一致性。感官检验：（1）手感。手握籽棉感觉凉、湿手、紧缩、弹性小、恢复慢者籽棉回潮率高。（2）目测。棉瓣紧小，色泽发暗者，回潮率高。（3）口咬籽棉无声或一咬而成饼状，回潮率较高。对因气候因素造成水分较高的籽棉（测试回潮率12%以下），按要求晾晒后可予收购；对由采摘因素造成水分较高的籽棉（测试回潮率12%以下），按要求晾晒后按差棉差价的原则降价收购；对人为因素造成的湿花，回潮测试值12%以上的籽棉不予收购。加工时严格贯彻国家标准，回潮率10.5%以上的籽棉必须晾晒处理，否则不能上垛配花。

（二）合理配花，注意干湿棉搭配

将水分稍高的籽棉与同级较干籽棉分层垛放，这样可使棉花回潮率趋于均匀，达到轧花要求。

（三）加强收购场地的管理

籽棉垛位应尽量采用水泥地坪，每天根据天气情况及籽棉回潮率高低覆盖篷布或通风晾晒。加工时对籽棉垛应尽量实现先收先轧的原则，籽棉垛存放时间不宜过长。阴雨天后应及时清扫覆盖籽棉篷布上的积水、积雪，晴朗天气及时晾晒篷布。

（四）加工过程采用烘干、调湿设备

对因存放过程中受气候环境因素影响，致使回潮率较高的籽棉，在加工籽棉预处理阶段利用烘干设备，以空气为介质，降低空气相对湿度，先将空气进行加热提高空气温度，降低空气相对湿度，然后将加热后的空气送入籽棉的输送系统和烘干机内，利用流动的热空气将籽棉水分蒸发、吸收以达到烘干的日的。目前，热风炉塔式烘干机应用较多，效果较好。对回潮率过小的籽棉，主要采用由风机、管道、雾化器组成的加湿设备进行加湿，利用风机将空气送到雾化器内加湿，然后再将潮湿的空气送入籽棉管道和集装箱、给棉器中，使籽棉吸湿。

（五）做好露天棉包的储存运输工作

棉包从生产至销售一般需要 1～6 个月时间，轧花厂将皮棉打包后，在存放期要注意棉包底部应距地面 20 厘米以上。尤其注意在春季气温回升前，及时做好货场积雪的清理工作，棉包上的雪也要清扫干净，否则积雪消融，会将棉包及表层棉浸湿，气温回升后纤维易发生霉变。

综上所述，籽棉回潮率控制在 8.5% 左右，皮棉回潮率控制在 6.5%～8.5% 之间，这是确保棉花质量的必要条件。

五、籽棉的清理

籽棉的清理是指利用各种清理设备分离籽棉中所含杂质的工序的总称。清理效果的好坏对于整个棉花加工过程的顺利进行，皮棉质量以及设备使用寿命、动力消耗等都有直接的影响。

（一）籽棉清理方法

籽棉中包含的各种类型杂质，其颗粒大小，表面状态、比重、弹性、硬度及空气动力学性质等与籽棉不同，籽棉清理就是借助了籽棉与杂质之间不同的物理性质来实现的。

1. 气流方法是利用籽棉与杂质在颗粒大小、重量及空气动力学性质上的差别，借助于气流式籽棉清理设备将杂质除去。

2. 机械作用法是利用籽棉与杂质颗粒大小、表面状态、比重、弹性、硬度等差别，借助于籽棉清理设备的刺钉滚筒或锯齿滚筒及有关部件将杂质除去。

（二）籽棉清理与加工质量的关系

籽棉清杂效果的好坏，不仅影响加工主产品——皮棉的含杂及皮棉产品的质量，还可能危及加工设备的安全，影响生产，如果硬质、杂质清理不净，有可能与高速运动的部件摩擦起火，导致火灾发生。清杂效果不好，会使过多杂质残留在皮棉中，在棉花流通和纺织加工中，不仅增加运输量，加大运量与运能的矛盾，增加不必要的运输成本，而且增加纺织工业的除杂负担和清杂难度，同时还影响皮棉的成纱质量，增加纺织品的疵点，影响纺织品的质量。

（三）如何做好籽棉清理

首先，我们应树立全面质量观念，坚持上道工序为下道工序服务的原则，尽量提高除杂效能，减少新生杂质的产生。在除杂过程中，我们应该先清重大杂质，然后再清理小杂质，在对籽棉松解时应采用扯松、打松和开松的方法，在具体工艺过程中，要体现“多扯松、开松，少打击”或“先扯松、开松，后打击”的原则，做到因籽配车。对成熟度好的籽棉，可采用扯松和打击相结合的方法；对成熟度差的籽棉（5级以下），因其纤维较细，强力低，则应以扯松为主，打击不易过多，尽量避免剧烈打击；对低等级黄棉（6级以下），因僵瓣含量较多，可用专门的打僵机强行开松，再进行清理。

第四章
棉花深加工

第一节　轧　　花

经过预处理、配棉工序的加工或处理，籽棉以良好的状态进入轧花工序加工。籽棉加工成皮棉，其质量既包括棉纤维本身的品质，如成熟度、纤维长度、细度、强力、马克隆值等情况，也包括轧花水平，即轧工质量。轧工质量是评定皮棉品级的三大条件之一，对皮棉的使用价值影响很大。从狭义上讲，轧工质量是指如色泽、疵点等有关皮棉的外观形态的质量；从广义上讲，轧工质量还与棉籽毛头率、不孕籽含棉率、衣分亏耗等有关。

轧花工序是籽棉加工的主要工序，轧花机是籽棉加工的主要设备。轧花机可分为皮辊轧花机和锯齿轧花机两大类，锯齿轧花机是推行最广的轧花机具。该部分的内容主要讲述锯齿轧花机的结构、锯齿轧花理论、影响锯齿轧花产量质量的因素等内容。

一、轧花工艺要求

轧花就是将棉籽上的长纤维从棉籽上分离下来，形成皮棉，并保留棉籽上的短绒。轧花工序除满足轧下棉籽上的长纤维，保留棉籽上的短绒这一基本要求外，工艺上还要做到：

轧下的长纤维应保持原有天然物理性能（指长度、整齐度，色泽等）；

尽可能排除籽棉、长纤维中的原有杂质（包括天然杂质和外附杂质），如沙土、碎棉叶、不孕籽、僵瓣等；

加工过程尽可能减少新生杂质，如破籽、棉结、索丝等；

排除杂质过程中争取达到最小的落棉损失，并作好下脚料的清洁回收工作，以减少衣亏损失；力求轧后的棉籽符合毛头率标准。加工过程中，尽可能不损伤棉籽。

二、轧花机理

轧花工序的基本工作是完成长纤维与棉籽的分离，实现这一目标的必要条件恰恰是籽棉本身的物理性状。籽棉的形态如图所示。从下图中可以看出，长纤维的基部比较弱。实验数据也得出结论：长纤维在籽棉上的生着力，大大低于纤维本身的断裂强度；不同品种的籽棉，依其成熟度、品级的不同，长纤维的断裂是不同的。一般地，单根纤维的断裂强度在 3 ~ 6 克力范围，单根纤维在棉籽上的生着力是其本身断裂强度的 40% ~ 60%。成束纤维的断裂强度是其在棉籽上生着力的 12 ~ 15 倍。棉纤维具有的这一力学性质，决定了现有的轧花方式，也是长纤维以原有长度与棉籽分离的必要条件。

棉纤维基部与棉籽壳的结构：棉籽壳由皮质层、外色素层和细胞层组成，棉纤维的基部位于外色素层。

长纤维与棉籽分离的外部条件是要有机械作用。使纤维与棉籽同时受到外力作用，且这些外力作用在棉籽表皮、纤维基部的合力应大于长纤维在棉籽表皮的生着力。在轧花中体现这种外力作用，使长纤维与棉籽分离的方式不外乎有以下三种：

棉籽被阻拦的同时，长纤维受到外力的牵引；

棉籽与长纤维同时受到外力作用而运动，由于外力的大小、方向及纤维、棉籽的质量不同，两者之间产生速度差，使长纤维与棉籽形成相对运动；

长纤维受到外力牵引的同时，棉籽在另一方向上受到冲击。

由于长纤维很少能在其垂直于棉籽表面方向上被拉脱，故长纤维在棉籽表皮被分离的过程就比较复杂。尽管如此，轧花机理还是被遵循的。

三、锯齿轧花工艺过程

（一）锯齿轧花机的分类

按刷棉方式的不同，有气流式和毛刷式之分，前者是利用风机产生的高速气流喷射到锯齿上，将纤维吹下；后者是依靠高速旋转的毛刷滚筒，将锯齿上的纤维吹刷下来。按籽棉进入轧花机的方式不同，又有前厢进花和中厢进花之分，前者籽棉先进入轧花机前厢，再由锯齿带到中厢，前厢与中厢之间的阻壳肋条起阻止大型杂质进入中厢的作用；后者籽棉直接进入轧花机中厢，籽棉中一些诸如僵瓣之类的大杂质的清理，应在预处理工序中完成。按锯片数的多少，可分为121片、120片、100片、90片、88片、80片等不同片型。按锯片的片距大小，可分为19.4毫米、18毫米、17.22毫米、17毫米、16毫米等几种。

尽管锯齿轧花机的种类很多，但锯齿轧花的原理却是相同的。它们都是通过锯片滚筒旋转，使锯齿相对籽棉位移并钩拉籽棉纤维，由于轧花肋条的阻隔，纤维与棉籽分离，再由刷棉部件刷下锯齿上的纤维，完成轧花工作。

（二）工艺工程

目前，国内的棉花加工处于新、旧工艺并存时期。新工艺中，皮棉清理环节是必不可少的。传统工艺中，有的有皮棉清理环节，有的没有皮棉清理环节。故锯齿轧花工艺过程有如下两种情况：

1. 没有皮棉清理时的轧花工艺过程（见图 4－1）

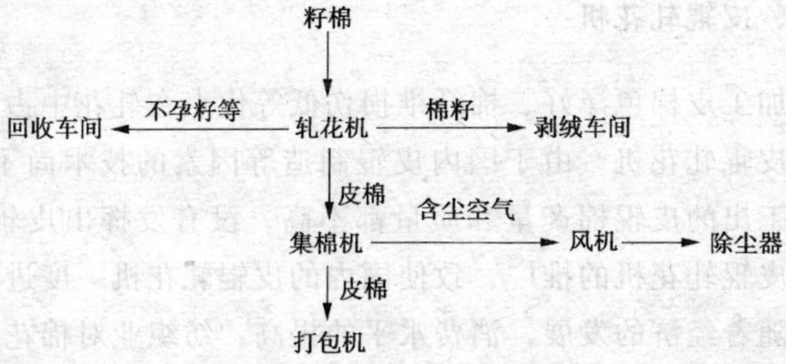

图 4－1

轧花机轧下的皮棉，由气流输送到集棉机，在此与含尘空气分离之后，被送往打包机成包。轧花机排除的棉籽是采用螺旋输送或气力输送方式送往剥绒车间。轧花机排出的上下排杂（含不孕籽等有效纤维）是采用气力输送方式送往回收车间清理回收。

2. 有皮棉清理时的轧花工艺过程（见图 4－2）

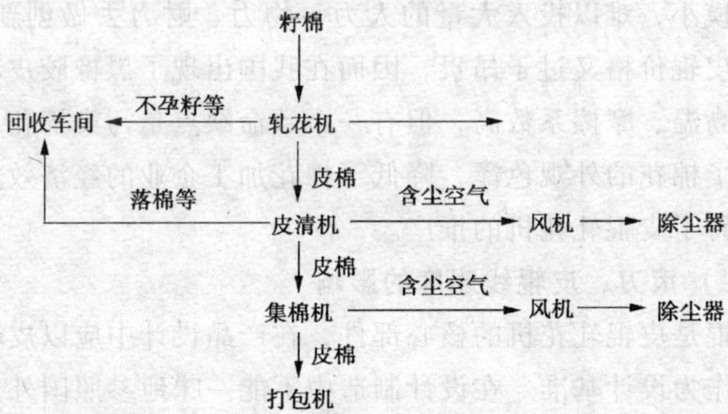

图 4－2

皮清机与轧花机之间的皮棉通道内可设置旁路机构，以便进行皮棉清理与否的选择。增加皮棉清理环节，除需增加皮清机、一套气力输送装置外，还要增加运行费用、衣分损失。

四、皮辊轧花机

以加工皮棉色泽好、棉纤维损伤低等优点在轧花中占有很大优势的皮辊轧花机，由于国内皮辊制造等因素的技术尚不完善，使得加工出的皮辊棉产量和质量都不高，没有发挥出皮辊优势，影响了皮辊轧花机的推广，致使国内的皮辊轧花机一度进入低迷状态。随着经济的发展，消费水平的提高，纺织业对棉花的质量提出了更高的要求，促使我国的棉机行业必须生产出高性能低能耗的新型皮辊轧花机才能适应市场发展的需要。

（一）皮辊质量的影响

在棉花加工中，皮辊性能对棉花的质量和产量起着很重要的作用，以往我国皮辊轧花机达不到设计指标，主要是皮辊性能达不到要求。受国内橡胶产业发展的影响，很难找到一种耐高温、摩擦系数高、抗疲劳、无污染的白色橡胶，加之皮辊生产厂家少、规模小，难以投入大量的人力、物力、财力去做创新实验，国际上皮辊价格又过于昂贵，因而在我国出现了黑橡胶皮辊。黑皮辊耐高温、摩擦系数高，但有一个致命缺点是污染棉花。这严重影响了棉花的外观色泽，降低了棉花加工企业的经济效益，也大大阻碍了皮辊轧花机的推广。

（二）滚刀、皮辊线速度的影响

皮辊是皮辊轧花机的核心部件，在产品设计中应以皮辊的性能特点作为设计基准。在设计制造中不能一味地参照国外先进机型，即使各参数完全相同，因选用皮辊不同也不会达到理想效果，这也是我国皮辊轧花机一直达不到国际水平的主要原因之一。确定了皮辊参数后再综合设计定刀角度、皮辊线速及滚刀转速，针对传动线速度，山东天鹅棉业机械股份有限公司经过多次的试验改进推出了 MYP280×1000 型皮辊轧花机，基本达到理想的效果。

在其他工作参数不变的情况下，滚刀单位时间内剥籽次数对小花头率有很大影响。设计中采用4把叶片滚刀，这与以前6把叶片滚刀相比：刀刃间弧长变长；初始位置与皮辊间夹角变大。皮辊牵附籽棉可以更加通畅进入压力区，降低了滚刀把部分籽棉直接拨走的可能性，从而减少小花头率，也相应减少了破籽率。

根据皮辊的工作性能和滚刀的配比可相应把皮辊线速提高一些，我们设计皮辊在滚刀单次剥籽时间内所转弧长为160毫米，通过增加轧花弧长的办法，最终保证了棉花的产量和质量。

（三）提净喂花部分的影响

棉花经皮辊轧花机上部清理后形成的单粒籽棉很重要，因为它容易被皮辊吸附。籽棉与皮辊接触面积越大，越有利于皮辊的钩拉，从而提高棉花加工产量。以往的研发设计中没有过多考虑皮辊轧花机的上部，清理后淌落的籽棉不均匀，形成的棉团较多，棉团落在皮辊上不能与皮辊更好的接触（棉团上部的籽棉根本就无法接触），因此棉纤维无法被皮辊全部带走，从而被滚刀剥下，使棉籽中产生大量的小花头。

五、影响轧工质量的因素、产生原因及其危害

在品级三条件中，影响轧工质量的具体因素是疵点和杂质。GB1103－1999《棉花 细绒棉》国家标准中规定，一、二级锯齿棉疵点不大于1000粒/100克和1200粒/100克；《棉花质量检验体制改革试点企业棉花加工技术规程》（以下简称《规程》）中规定，一、二级锯齿棉实际含杂率先进指标不大于1.2%，一般指标不大于1.5%。

（一）疵点的种类、成因及危害

疵点包括：带纤维籽屑、破籽、软籽表皮、不孕籽、僵片、棉结、索丝。

1. 带纤维籽屑、软籽表皮的成因及危害

在籽棉加工过程中，由于受到剧烈的打击、碰撞、穿刺等机械作用，棉籽被打碎或轧破，产生带纤维籽屑。软籽表皮是不带籽壳的棉籽外表皮，是由不成熟棉籽破碎后或成熟棉籽未曾破裂，但其表皮连同纤维一道撕剥下来形成的。当籽棉成熟度差和含水较高时，更容易产生这两种疵点。比较大的籽屑在轧花过程中容易被排除。但是较小的籽屑和软籽表皮不但在轧花过程中难于排除，就是在纺织厂的清棉过程中也难于除去。这是因为它们的体形小，质量轻，所受重力和惯性离心力作用的影响与纤维簇的情况相差无几，且其上的纤维与其他纤维互相联结缠绕，在气流场或重力场中相随运动，难解难分，因此，这种疵点危害较大。纺织厂为了清除这种疵点，要增加清棉设备和延长清棉过程，为此增加了落棉，也即增加了成纱的用棉量。

2. 破籽的成因及危害

破籽的成因同带纤维籽屑一样。破籽壳与带纤维籽屑相比，体型要略大些，一般不带纤维。破籽壳的危害性较一般杂质严重，并因为其上或多或少带有一些纤维，故将其归入疵点类。

3. 不孕籽的成因及危害

不孕籽是发育不完全的单粒籽棉，在一粒无籽仁的薄壳上围绕着纤维簇。不孕籽的形状大小因成熟度的不同而不同，每粒的重量从 2 毫克到 14 毫克不等。不孕籽是籽棉天然含有的，在清棉和轧花过程中可以清除一部分。同样的轧花机，由于操作不同，清除不孕籽的数量大不相同。

4. 僵片

僵片是成熟不良的僵瓣棉轧碎所致。这种疵点在纺织厂的清棉过程中，一部分可以被清除，一部分被打碎成短绒或棉结等。

细粒纤维性杂质又称白星或小白点，其主要组成部分是短绒，由打碎的不孕籽、僵瓣碎屑、棉籽表皮上剥下来的短绒等形成，有时细小的杂质附在短绒中间。细粒纤维性杂质和棉结的不同之处是没有较长纤维的缠绕和联结，体型更细。

5. 棉结的成因及危害

棉结是轧花过程中纤维与轧花部件、纤维与纤维之间互相摩擦，造成纤维互相交叉、缠绕而成。特别是纤维成熟度差，回潮率高时，因纤维柔细、缺乏弹性，经机械作用后更容易形成棉结。纤维整齐度差时，经机械打击后，长纤维易缠绕短纤维形成棉结。纤维中含有细粒杂屑，如带纤维籽屑、破籽壳、细碎不孕籽等，经机械作用后，长纤维会以细粒杂屑为中心缠绕，这也是形成棉结的原因之一。在轧花机隔距不当和运转失常的情况下，棉纤维将受到特别强烈的打击和摩擦，使棉结含量急剧增加。还有一种比较松散的小纤维团，形状类似棉结而体型较大，主要是由不成熟的棉纤维所构成，比棉结容易清除，一般也称棉结。

6. 索丝的成因及危害

索丝也称棉索，和棉结一样，是一种变形纤维。索丝是拈绞的松紧程度不同，其危害性也有轻有重。轻微拈绞的索丝在纺织厂的清棉过程中可以使纤维恢复原来的状态；拈绞紧的索丝就难于松散，且会在清梳过程中产生一些棉结。故棉索也是重要的疵点之一。

棉索的形成与纤维的成熟度有关。付轧品级低的籽棉产生的棉索较多，特别是付压回潮率高的籽棉，由于纤维的弹性差，纤维不松散，相互粘贴，一经摩擦就形成绞股、索条，以后很难松解恢复原状。

六、提高轧花质量的几项措施

力求减少不孕籽。不孕籽是杂质，也是疵点。不孕籽在原棉含杂中约占60%，锯齿轧花机加工后排出的不孕籽只占总量的35%左右，说明有近2/3的不孕籽在轧花时没有排出，仍留在皮棉中。这是降低皮棉价值的主要原因之一，故在轧花过程中应当特别注意这个问题。

防止剧烈磨擦。索丝、棉结是籽棉、皮棉在轧花过程中磨擦形成的，所以要尽量缩短磨擦的过程和时间，并使机件表面光滑。最易产生索丝、棉结的部位是锯齿工作箱，如肋条间脚孔过小、工作箱不圆滑、排风不畅等都易产生索丝、棉结，要注意改进。

锯齿轧花机维修要符合标准，做到“三光”、“两畅”。“三光”即锯片（锯齿）光、肋条光、棉卷箱光；“两畅”即排籽畅、排风畅，以利于棉卷运转，减少堵塞，减少索丝，提高轧工质量。

轻清花。要在籽棉清理过程中减少疵点，一是清花打击力度要轻，防止击碎籽壳；二是清花过程不要太多太繁，时间不宜过长；三是调整好清花机部件间隙，并调整好清花机的转速。

防止追高产。轧花机械的速率决不能超过机器生产厂家的要求，否则对皮棉清理和纤维质量将有不良影响。有关制度规定：加工回潮率6.5%～8.5%的标准级籽棉时，锯齿轧花机台时平均生产皮棉800千克。

把握好籽棉回潮率。轧花时若籽棉过分干燥，易轧断或损伤纤维；籽棉过湿，不易清杂，轧出的皮棉表面粗糙难看，色泽暗，产量低，棉籽毛头大，索丝、棉结增多。所以，付轧的籽棉要保持适宜的回潮率（6.5%～8.5%）。籽棉回潮率超过8.5%时，付轧前要进行烘干处理。

控制棉籽毛头率。经轧花后，棉籽上附着手扯长度在12毫米以上成束纤维重量与籽棉重量的百分比即为棉籽毛头率。棉籽毛头率大，衣分亏损就大，轧棉不净，是对纤维资源的浪费；毛头率太小，加工出过多的短绒，造成皮棉中短绒率增加，影响皮棉使用价值。所以锯齿棉一、二级毛头率不大于0.4%，三级至五级毛头率不大于0.6%。

控制不孕籽含棉率。锯齿轧花机加工后，排出的不孕籽中往往带有一部分有效纤维，这部分有效纤维的重量占不孕籽和纤维混合重量的百分比，即为不孕籽含棉率。这是考核轧花设备排杂能力、纤维和杂质分离能力及轧花损耗的指标。不孕籽含棉率高，排杂时带出的有效纤维就多，衣分亏损就大。对此，一级至五级锯齿棉不孕籽含棉率应保持在40%～50%（机检）为佳。减小衣分亏损率。合理掌握衣分亏耗，有利于提高皮棉质量，增加轧花经济效益。所以，在清杂、除尘、排僵、排不孕籽工序中，不要流失过多的有效纤维，对排出的籽棉瓣、小花头、不孕籽要回轧或回收，最大限度地提高收益。

时事关注

（2009年6月11日）由于去年棉花市场价格下行，种棉农户的收益普遍受到影响。但河北保定高阳县边家务村农民李满常经营的硕丰农场却是效益丰硕，规模化经营的3万亩土地亩均纯收益达900元以上。截至2008年年底，该农场不仅安置了3000多人就业，总资产也达到2800余万元。

农场总经理李满常从1985年开始，在村里承包了100亩盐碱地开始种棉花，如今土地承包面积已经达到了3万亩，平均每亩纯收益达900元以上，主要受益于3个方面：规模化种植、产业化经营、循环化利用。

规模化种植增收

李满常介绍说，在经济不太发达的地区，农民种地每亩纯收益最多能达到800元，一个4口之家，两个男女劳力，以5亩土地计算，每年收益不过4000元。如果以每亩360元的价格进行承包，可获收益1800元。如果两个劳动力都进入农场打工，每人月工资收入1100元，两人全年收入26400元，再加上土地承包收益就可达到28200元，相当于自己种地收入的7倍，这就让农场承包土地很容易。而在经济比较富裕地区，多数农民已经开始从事农业以外的工作，他们愿意将土地转让给种植大户，以获得固定的收益，这就为农业规模化经营提供了必要的条件。农场在获得土地后，首先进行的是规模化种植。李满常说，每亩地产出的棉花产量相同，但价格却不等，原因是规模经营的棉田产出的棉花质量普遍好，售价高。从投入上看，农场因形成了规模，所需种子、农药、化肥等生产资料数量大，可通过集中采购降低成本。从劳动力和机械使用上看，成规模的土地利于机械作业，降低了农场的用工综合成本。考虑到农场规模化经营，精细化管理，拥有先进生产技术和优质良种等优势，硕丰农场每亩土地产出效益可让农民增收260元左右。

产业化经营增效

一家一户农民搞生产，当农产品从土地中收割后，他们的生产程序就告终结了，但规模化农场则不然。在多年规模种植中，李满常悟出了一个道理，单一的种植模式风险大，比如在抵御自然灾害和市场波动中缺乏主动性。而如果把自己的产品经过一定的深加工，不仅能够取得加工效益，同时还能使产品实现仓储保存从而进行峰谷年份的销售调整。从2004年开始，李满常进行产业化经营布局，当年投资700万元筹建了日加工能力达15万公斤籽棉的大型轧花厂。精深加工后的籽棉产品进入市场增加了效益，每吨售价达到12600元，相当于每亩增加收入390元左右。

工厂在棉花轧花过程中，产生一种副产品棉籽。一般农户分散种植的棉花，其棉籽只会当成轧油原料处理，每斤价格不过几块钱，但硕丰农场的棉籽是“金疙瘩”。通过不断进行的技术攻关和品种改良，硕丰农场的优质棉花深受欢迎。硕丰农场在2005年收购了河北春秋种业有限公司，筛选出高品质棉籽，通过高技术的脱绒包衣后进入种子市场，硕丰包衣棉种在种子市场每公斤批发价达到20元，分摊到土地中，又相当于每亩增收340元左右。

循环化利用增利

在传统耕作模式中，棉花秸秆没有大用处，农民往往都是一季耕作完成后，将其连根拔起做柴火，因此棉花秸秆有一个俗名叫做棉花柴。但由于农村沼气、液化气等新能源的利用，棉花柴逐渐被废弃。后来人们又尝试着开展秸秆还田以增加土地肥力，但由于棉秸秆中存在多种病菌，还田后会使土壤带菌，进而影响下季棉花产量。面对这种情况，李满常决定闯出自己的新路。在一次前往唐山参观中，他发现了一种生物制炭技术。他想，其他植物能够制炭，棉花秸秆为啥就不能？他立即找到专利单位要求合作。一家为推广技术，一家为消化废物，所以一拍即合。经过半年的努力，国内首创的棉花秸秆制炭厂在硕丰农场诞生了，农场不仅消化了棉花柴，而且还以每亩地40元左右的价钱向周围农民收购，棉花柴成了农场的“香饽饽”。

在硕丰农场制炭工厂，记者看到了两位前往这里订购炭的客商，他们告诉记者，硕丰炭厂的产品质量非常好，用起来很方便，而且价钱也公道，所以准备和他们长期建立供销关系。李满常还告诉记者：棉花柴不仅能制炭，而且还能产生焦油、木醋酸液等优质化工材料和部分可燃性气体。农场每年可加工各类秸秆近万吨，产炭3000多吨，可燃性气体500万立方米，每吨炭可带来800多元的利润，相当于每亩地又增加了60元左右的收益。他们除了出售炭、焦油、木醋酸液等产品外，还准备上余热发电项目，使可燃气体都能得到最充分的利用。

硕丰农场依靠规模生产，产业经营和科技创新，走出了一条规模化种植、产业化经营、循环化利用的发展高效农业之路。

第二节　锯齿剥绒

一、锯齿剥绒的基本条件

剥绒的主要任务是最大限度地把棉籽上的短绒刮剥下来，同时要防止或减少棉籽的损伤，并保证短绒的质量。而短绒的特点决定了锯齿剥绒必须采取磨擦刮剥为主的作用才能实现短绒与棉籽分离的目的，故锯齿剥绒应具备的基本条件如下：

籽卷必须作旋转运动，使棉籽产生位置移动，便于锯齿均匀地刮剥棉籽上的短绒，同时，在棉籽卷旋转运动过程中，应使棉籽受到必要的阻挡，便于锯齿刮剥短绒；

棉籽卷必须保持一定的密度，给予锯齿适当的压力，利用棉籽卷与锯齿相对运动产生的摩擦作用，使短绒与棉籽分离；

锯齿必须锋利，但齿尖不能过分尖锐，以增强锯齿摩擦刮剥的效率，又可防止棉籽损伤。

二、影响锯齿剥绒产量和质量的因素

（一）棉籽分道剥绒的原则

根据棉短绒国家标准 FJ386－67 及 FJ387－67 规定：棉短绒的分类是以长度为主，结合剥绒道次，并按其用途分为三类即一类棉短绒、二类棉短绒及三类棉短绒。棉短绒的分级是根据合理利用资源的原则，按照国防、化纤、纺织的使用要求，每类短绒分为三个级，其中一类绒的定级依据主要是根据棉短绒的外观形态（包括颜色、剥工——棉结、白星、棉索多少），二、三类绒的定级依据主要是根据成熟度、硫酸不溶物、灰分三个化验指标。

因此，棉籽必须分道剥绒，短绒分类分级打包，使生产的各类短绒具有规定的长度和质量要求。棉籽分道剥绒的原则是："头道少剥、二道多剥、三道争取剥光"。"头道少剥"是指生产中，将棉籽上少量的长度在 13 毫米以上的短绒剥下来，以符合纺织工业或造纸工业的要求。一般头道出绒率是根据棉籽毛头率而定，以不超过棉籽毛头率的三倍为宜，占总出绒率的 10% 左右。"二道多剥"是指在生产中，将棉籽上含量多的，长度在 3～13毫米之间的短绒多剥下些来，为军工和化工生产提供原料，一般二道的出绒率为总出绒率的 50%～60%。"三道争取剥光"是指生产中，尽可能把残留在棉籽上的短绒刮剥下来，要求剥过三道后的棉籽上的残绒率不超过 4%，一般三道出绒率占总出绒率的 30% 左右。

（二）影响锯齿剥绒产量和质量的因素

1. 棉籽的性状

（1）棉籽的品质。棉籽的品质一般与籽棉的等级有关，籽棉等级高，则棉籽与短绒的成熟度好，棉籽饱满健壮，粒径大，比重大，棉籽壳坚硬，短绒的生着力也强；籽棉等级低或者晚期采摘的籽棉，则情况相反。

加工品质较好的棉籽时，可适当提高棉籽卷的密度，保持锯齿锋利，以提高短绒生产率；同时可适当增大拨籽辊叶片和锯齿齿尖之间的距离，以减少棉籽的损伤碎裂。

加工品质较差的棉籽时，由于嫩籽、瘪籽多，棉籽粒径稍小，短绒的生着力也弱，应适当缩小拨籽辊叶片和锯齿齿尖之间的距离以及两者之间的线速度差，锯齿不宜过于锋利，实行快齿轻剥，以减少棉籽破碎或啃下棉籽表皮，并保持短绒生产率。

（2）棉籽含绒率。锯齿轧花机加工后的棉籽含绒率一般比皮辊轧花机加工后的棉籽含绒率稍高。

在同样条件下，因棉花品种的不同，棉籽含绒率也有差异。

棉籽含绒率与轧花工艺条件又有一定的关系，同一品种的籽棉，经轧花机加工后由于棉籽毛头率的不同，棉籽含绒率也将发生变化。一般规律是高等级的棉籽毛头率低，棉籽含绒率也少，而低等级的棉籽毛头率高，棉籽含绒率也就多。

生产实践中，加工低等级籽棉时，剥绒机的生产率和棉籽出绒率都稍高，从而说明棉籽含绒率的高低是剥绒生产的物质基础。

（3）棉籽含水率及含杂率。潮湿的棉籽剥绒加工时，棉籽表皮易被啃剥下来，从而短绒质量较差。棉籽的含杂率高，则短绒的含杂率也一定高。

2. 主要转动部件的速度

（1）锯片滚筒速度。锯片滚筒是锯齿剥绒机的主要工作部件，它的转速快慢（当锯片滚筒直径一定时）是影响剥绒机生产率高低的重要因素之一。提高锯片滚筒的速度可提高剥绒机的生产率，但短绒含杂率及棉籽破碎率随之增加。因此，锯片滚筒速度应在有利于生产率提高而不影响短绒质量、棉籽完好的前提下妥善选定。据国外的资料介绍，直径为320毫米的锯片滚筒，其转速为700～730转/分（即线速为11.73～12.23米/秒）最为适宜。

（2）拨籽辊速度及拨籽辊与锯片滚筒转速比（或相对速度）。拨籽辊也是锯齿剥绒机的主要工作部件之一，它与锯片滚筒必须保持适宜的速度比例，才能使剥绒机的生产率达到理想要求。

锯齿与拨籽辊在转动中存在着相对速度，这是锯齿从棉籽上刮剥短绒的必要条件之一。两者的相对速度大，则单位时间内锯齿刮剥短绒的作用次数就增多。而相对速度过大时，由于棉籽的位置移动不够，容易产生刮剥不均的缺点，甚至将棉籽表皮连同短绒一起剥下，影响产品质量。反之，如果两者的相对速度过小时，虽然有利于产品质量的提高，但锯齿刮剥短绒的效率将显著降低。

我国从1955年开始棉籽剥绒以来，在141型剥绒机上，锯片与拨籽辊的速度配置基本上根据前苏联的经验，采用60%左右的转速比。

按照短绒质量标准，我国实行头、二、三道分道剥绒，并遵循“头道少剥，二道多剥，三道基本剥光”的工艺原则，这与前苏联的情况有所不同。多年来生产实践得出的经验是：由于各道短绒的质量要求不同及分道剥绒的工艺原则不同，头、二、三道剥绒中，拨籽辊与锯片滚筒的转速比应有所差异，以确定各道锯片与拨籽辊的线速度差较为合理。

头道绒的质量标准是以长度为主，而轧花后棉籽上残留的长纤维较少。根据工艺原则，要求头道少剥，而头道棉籽处理量又最大，其特点是“多中取少”（即单位时间处理棉籽多，剥取长纤维少）。为此，应采取“以小对少”的工艺，即锯片与拨籽辊的相对速度要小，以增加棉籽的位置移动，有利于“多中取少”。

剥二道绒时与头道不同，棉籽经头道处理后，长纤维已基本剥下，残留在棉籽上的短绒多数符合二道绒的质量标准，而且绒层厚，数量多。根据工艺原则，要求二道多剥，而二道的棉籽处理量一般只相当于头道的1/3～1/5，而出绒率则要求达到总出绒率的50%或以上，其特点是“多中取多”（即单位时间处理棉籽多，棉籽含绒多，要求剥绒也要多）。为此，应采取“两快一大”的工艺，即锯片滚筒与拨籽辊的速度要快，两者的相对速度要适当增大，以增加锯齿对棉籽刮剥的作用次数，有利于“多中取多”。

剥三道绒时，因棉籽经二次处理后含绒量已显著减少，绒毛的长度又短，生着力强，比头、二道绒难剥，其特点是“少中争多”（即棉籽上含绒量少，争取多剥绒）。为此采取“两快一小”的工艺，以增加棉籽的位移，有利于锯齿均匀刮剥，达到基本剥光。

3. 主要部件隔距

主要部件的隔距因剥绒道次的不同而不同，且有的隔距有一可调范围，以适应“因籽配车”等的需要。

（1）棉籽梳与肋条排的间距。该间距大小影响棉籽出绒率、棉籽处理量、产绒量及短绒质量。该间距小，可以提高棉籽出绒率，但棉籽处理量和产绒量将会降低且棉籽易破碎，短绒含杂率增大；反之，该间距大，棉籽出绒率将降低，棉籽处理量和产绒量可以提高。

该间距应按棉籽品质，剥绒道次进行正确调节。

（2）拨籽辊叶片与锯齿齿尖的间距。该间距对于短绒生产率及短绒质量有一定影响。该间距太小，会损伤棉籽，增加棉籽的破碎率，从而引起短绒含杂增加，棉籽处理量也将减小；该间距过大时，又将影响锯齿刮剥短绒的效率，并影响棉籽出绒率。

该间距应根据棉籽的品质，剥绒道次进行正确调节。

（3）剥绒肋条排工作点间距。该间距过大（往往是由肋条磨损、肋条脱落或折断引起），会造成棉籽破碎，短绒含杂率提高等后果。

（4）肋条倾斜角。肋条倾斜角大小与产量和质量关系已在第四节中讨论过，在此不再赘述。

（5）锯片在工作厢内伸入弧长。一般可采用锯片在工作厢内锯齿数或锯片在工作点以下100毫米处的伸出量来表示。该隔距大小会影响剥绒机生产率。

（6）毛刷鬃毛与锯齿、前后挡风板的间距及排杂调节板的位置。该部分的隔距大小会影响刷绒和排杂。

4. 棉籽卷密度

棉籽卷密度增大，则可提高产绒量及棉籽处理量或棉籽出绒率。就141型剥绒机而言，棉籽卷的密度大小取决于密度板对棉籽卷的压力大小，而密度板的压力大小又是通过喂籽辊自动调节装置中重锤在杠杆上的位置和重锤重量的变化来实现的。在重锤重量不变时，重锤位置在杠杆上移动对短绒生产率的影响。

但棉籽卷密度过大，易破碎棉籽，增加短绒含杂率；锯齿易磨损、损坏，锯片易变形；动力消耗增大；棉籽卷无法正常运转。故棉籽卷密度应根据棉籽品质、剥绒道次、锯齿锋利程度等条件进行调整。

5. 操作方法

（1）操作工人技术水平及劳动态度。在生产中常常出现这样的情况：同样型号的剥绒机，同样品质的棉籽，由于操作工人技术水平及劳动态度的差别，短绒生产率和短绒质量就大不一样。故对操作工人进行技术培训和爱岗敬业教育是十分必要的。

(2) 配车规格。总体上说，锯齿剥绒机的配车规格应按棉籽的品质、剥绒道次以及短绒质量标准确定。按短绒的质量标准，各道短绒的质量依据，除头道绒以长度为主外，二、三道绒是以成熟度、硫酸不溶物作为定级的主要参考指标。故当品质较好的棉籽进行剥绒时，由于成熟度较好，可以按照“头道少剥、二道多剥、三道基本剥光”的工艺原则控制分道出绒率。而当品质较差的低级棉籽进行剥绒时，由于成熟度差的棉籽毛头率往往稍高，棉籽上含绒量也多，在工艺上应对分道出绒率作适当的调整，在保证基本剥光的前提下，可采取“头道多剥，二、三道适当少剥”的工艺原则，并根据二、三道短绒的成熟度和硫酸不溶物的检验结果，必要时适当调整二道和三道的出绒率，以提高二、三道短绒的品级率，减少等外绒，达到增产增收的目的。

影响锯齿剥绒产质量的因素很多，除上述因素之外，工艺流程是否合理、完善也是不可忽视的因素之一。

三、锯齿剥绒机

锯齿剥绒机的种类很多，依刷绒方式分，有毛刷式和气流式两种；依锯轴上锯片片数分，有 141 片、144 片、160 片等不同片型；依锯片片距分，有 11.11 毫米和 10 毫米两种。其中 141 型是国产最早的锯齿剥绒机型，使用极为广泛。也有某些轧花厂在 141 型的锯齿剥绒机基础上，不增加机宽，缩小片距，将锯轴上锯片片数增到 176 片，以提高单台棉籽处理量，从而减少二、三道剥绒机台数。141 型和 160 型是随棉花加工新工艺及成套设备的诞生而出现的新型锯齿剥绒机。它们的共同特点是：

1. 在整机长度变化不大（相对 141 型而言）的基础上，或增加锯片数量，或既增加锯片数量又缩小锯片片距，以增加单位体积内棉籽与锯齿碰擦的机率，从而提高单机的棉籽处理量。

2. 改进工作厢的几何形状，加大拨籽辊直径和工作厢容积，提高绒量及短绒质量。

3. 喂料量实现自动控制，使设备运行稳定可靠。

(一) MR－141 型（简称 141 型）锯齿剥绒机

141 型锯齿剥绒机主要由喂籽、剥绒、刷绒三个部分组成，如下所示：

图 4－3 是 MR－141 型毛刷式锯齿剥绒机结构示意图。1－17分别为：

1. 盛籽斗，2. 喂籽辊，3. 喂籽控制板，4. 淌籽板，5. 墙板，6. 抱合板，7. 密度板，8. 胸板，9. 拨籽辊，10. 棉籽梳，11. 肋条排，12. 锯片滚筒，13. 排杂调节板，14. 前挡风板，15. 毛刷滚筒，16. 托绒板，17. 后挡风板。

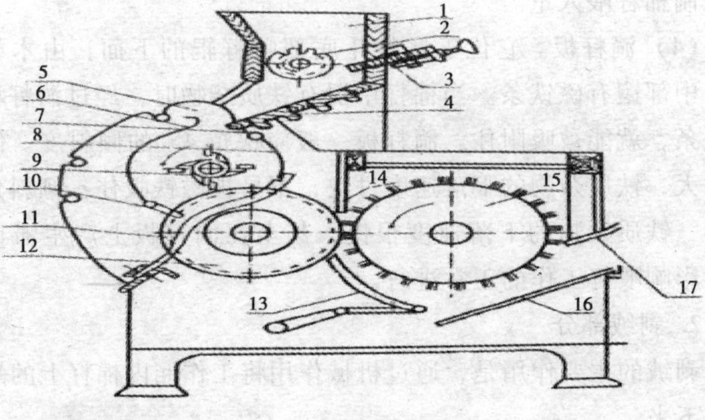

图 4－3

1. 喂籽部分

喂籽部分的主要作用是，根据剥绒机的需要将棉籽自动地均匀地喂入工作厢；并在棉籽进入工作厢之前，除去混入其中的部分铁质杂物，以保护锯片不受损伤。

喂籽部分是由盛籽斗、喂籽辊、喂籽控制板、淌籽板、喂籽辊自动调节装置等组成。

（1）盛籽斗。它位于剥绒机的前上部，用以盛装棉籽。其两侧是铸铁板，前后用木板制成，前面的木板呈倾斜板状；后面的木板是直立的，中部有斜向插入并可进退调节的喂籽控制板，用以控制和调节棉籽喂入量。

（2）喂籽辊。它位于盛籽斗内下部。喂籽辊由 29 个或 27 个直径为 150 毫米的铸铁槽齿轮套装在一根轴上而成，也有的采用角钢或扁钢制成叶板滚筒。喂籽辊通过棘轮机构获得间歇运动，它与自动调节装置相连接，以实现喂籽辊转速的自动调节。

（3）喂籽辊自动调节装置喂籽辊自动调节装置的作用是：使棉籽喂入量在全辊上基本均匀一致；自动调节喂籽辊的转速，以控制棉籽喂入量。

（4）淌籽板。它位于盛籽斗底部喂籽辊的下面，由木板制成，中部镶有磁铁条。当棉籽中混有铁质杂物时，经过淌籽板上磁铁条，就能被吸附住。淌籽板一般应保持 45°的倾斜度。倾斜角过大，铁质杂物的下落速度过快，不易被磁铁吸住；倾斜角度过小，铁质杂物的下落速度很慢，甚至在淌籽板上产生滞留现象，影响喂籽工作的正常进行。

2. 剥绒部分

剥绒的主要作用是，通过机械作用将工作厢内棉籽上的短绒刮剥下来。

剥绒部分是由两侧墙板、抱合板、棉籽梳、拨籽辊、胸板、肋条排、锯片滚筒等组成。

（1）两侧墙板。剥绒机工作厢两侧各有一块墙板，由铸铁制成，用于限制工作厢内棉籽卷的轴向移动。抱合板、拨籽辊、胸板、肋条排、棉籽梳等都与墙板组装在一起。安装时，要求两墙板内平面互相平行，并与胸板、肋条排、拨籽辊的轴线保持垂直，如有偏差，将使棉籽卷的运动发生不正常现象。

（2）抱合板。它是工作厢内棉籽卷运动时的控制盖板，由板体与偏心调节器组成。抱合板体呈圆弧形，全长1583毫米，用厚2.5～3毫米的钢板制成。其上部套挂在工作厢两侧的墙板上，下部也套挂在工作厢两侧的墙板上，并由偏心调节器上的偏心轮弯钩分别与两侧墙板上的钩柱螺钉相钩紧。旋转偏心调节器，可以改变抱合板下部与肋条排之间的间隙及工作厢的容积，借以调节棉籽卷的密度和棉籽的排出量。

第三节 皮棉清理、加湿与下脚料清理回收

一、皮棉清理

皮棉清理机是清理皮棉中的杂质和疵点，改善皮棉的外观形态，提高皮棉质量的一种机器。在国外机器采摘的子棉含杂率高达15%～30%，虽然轧花前对子棉进行多次清理，轧花时也排出不少杂质，但是轧出的皮棉含杂率依然很高，不符合纺织工业的使用要求。因而，对机采子棉加工出来的皮棉，必须用皮棉清理机作进一步地清理。

在轧花厂进行皮棉清理，一方面通过清除皮棉中的大部分大颗粒杂质（如不孕籽、破籽壳等），松解皮棉中的大部分活索

丝，使皮棉的外观形态得到很大的改善，提高了皮棉的轧工质量；另一方面，因压缩成包前，杂质和皮棉纤维的粘结力相对较小，故对其进行清理可获得较高的清杂效率，可简化纺纱厂的清棉工作，增加皮棉的成纱率；再者，轧花厂进行皮棉清理可发挥锯齿轧花机的加工潜力。锯齿轧花机的产量往往因轧籽棉的性状、皮棉轧工质量要求而受到制约，籽棉烘干、皮棉清理正是解决轧花的产品质量。

皮棉清理机按其作用原理的不同，可分为气流式和锯齿滚筒式两种类型。

（一）气流式皮棉清理机

气流式皮棉清理机也称离心式皮棉清理机。它安装在每一台锯齿轧花机的皮棉出口处。皮棉经过清理，再随气流通过汇集管送到集棉机中。锯齿轧花机轧下的松散纤维被气流吹送进入皮棉清理机的皮棉道。皮棉道截面面积自入口处起是逐渐变小的，到达皮棉道转折处为最小，垂直向上后又逐渐变大。在皮棉道转折处开有一扁狭缝隙，通常在25毫米左右，缝隙宽度可通过调节机构进行调节。

纤维随气流进入皮棉清理机的皮棉道入口。自入口到转折处，气流的运动速度是逐渐加快的，到转折处可达到60～70米/秒。在转折处，纤维因质量较轻随气流转弯向上运动；杂质较重，惯性较大，因难以改变原有的运动方向而继续向前运动，从可调缝隙中抛出，并由排杂螺旋输出到机外。

气流式皮棉清理机具有不损伤纤维长度，耗能低，结构简单等优点，但其清杂效率较低，大约是锯齿滚筒式皮棉清理机的1/3。

（二）锯齿滚筒式皮棉清理机

锯齿式皮清机按其刷棉方式不同又可分为气流式和毛刷式两

种，国产的不同型号的锯齿式皮清机都是毛刷式的，且结构组成也是大同小异。

1. 集棉部分

集棉部分的作用是将轧花机吹送来的松散皮棉与气流分离，同时除去一部分尘杂，并将松散的皮棉纤维压成棉胎，送给给棉部分。

集棉部分主要由四通阀、直角管、集棉尘笼、风道、压棉罗拉和拨棉罗拉等组成。集棉尘笼位于皮棉清理机上部，其直径、工作长度和转速的确定要满足最大处理量的要求。集棉尘笼的结构主要有两种形式，一种是编织网尘笼，另一种是钢板网尘笼，它们的基本骨架都是由轴、辐轮及扁钢构成。压、拨棉罗拉位于尘笼的底部，一般采用45#钢管，在表面加工成一定形状的沟槽制成的。压棉罗拉一方面起到压实棉胎的作用，另一方面与拨棉罗拉配合，将棉胎喂给给棉部分。拨棉罗拉主要起拨落尘笼表面棉胎的作用。压棉罗拉与拨棉罗拉直径相同，转速相等，但旋向相反。风道的阻力越小越好，并要保证尘笼出风均匀，否则会影响皮棉在尘笼上分布的均匀程度。为保证尘笼出风均匀，尘笼采用双侧排风较好。

2. 给棉部分

给棉部分的作用是通过牵伸罗拉、牵伸光辊和给棉罗拉与给棉板的作用，为齿条辊清理提供均匀的薄棉胎。

给棉部分主要由牵伸罗拉、牵伸光辊、给棉罗拉及给棉板组成。牵伸罗拉和牵伸光辊位于压、拨棉罗拉下面，其表面线速度应高于压、拨棉罗拉表面线速度，以使棉胎变得更薄。牵伸罗拉与牵伸光辊之间的间隙为6毫米，且是由机械加工形成的。给棉罗拉和给棉板是给棉部分的关键部件，通过它们的作用，棉胎将变得更薄，它们的工作状况将直接影响到皮清机清杂效率高低。

安装给棉罗拉的轴承座依靠弹簧的作用，可作移动或摆动，轴承座，且使给棉罗拉以一定的压力压向给棉板，当棉胎厚薄变化时，都能夹紧皮棉纤维，且不会堵塞。

3. 清棉部分

清棉部分的作用是通过齿条辊与排杂刀等部件的配合，对皮棉纤维进行充分梳理清杂，改善皮棉的外观形态。

清棉部分主要由齿条辊、除杂刀、齿条辊护罩、排杂箱等组成。齿条辊由辊筒、齿条、风叶等组成。辊筒系铸铁制成，表面有螺旋线形沟槽。齿条采用专用嵌齿机嵌压在辊筒表面的沟槽内。齿条有普遍齿条和自锁齿条两种类型。采用自锁齿条，在辊筒表面不需开槽。齿条规格因机型而异，齿条工作角、齿距、齿尘厚度、齿尘深度等是齿条辊分梳作用效果主要影响因素。风叶采用钢板制作，安装在齿条辊的两个端面上，其作用是不使纤维缠绕齿条辊的轴。除杂刀一般有 5 ~ 6 把，并均匀地分布在齿条辊的周围。除杂刀的作用是对暴露在齿条辊表面并随齿条辊一起运动的杂质产生冲击作用，使杂质与纤维分离，另外对齿条辊表面的纤维起托持作用。除尘刀的安装位置、安装角度对于清杂效率及落棉损失有很大的影响。吸杂管的直径约为 150 ~ 200 毫米，坠落于排杂箱的杂质是通过吸杂管送往清理回收设备。

4. 刷棉部分

刷棉部分的作用是通过毛刷滚筒的作用，将齿条辊上的纤维刷落下来并输送入皮棉道。

刷棉部分主要由毛刷滚筒、毛刷罩壳、补风调节板、后挡风板、顺棉板等组成。毛刷滚筒是由若干只铝质法兰固装在一根轴上，外包镀锌铁皮并装上毛刷条组成。后挡风板位于毛刷辊的后上部，与皮棉道相接，其作用是防止回风回棉。一般此间隙在 2 ~ 3毫米之间。顺棉板位于毛刷滚筒上部罩壳的前端，其作用是使毛刷刷下的皮棉顺利进入皮棉道。

锯齿轧花机轧下的皮棉纤维在气流作用下通过四通阀等部件，来到集棉尘笼表面。含尘空气进入尘笼内部并从风道排出，经回风管、风机进入除尘装置。而皮棉贴附于尘笼表面，并随尘笼的旋转而运动，先由压棉罗拉压实，之后，由拨棉罗拉从尘笼表面拨下，依靠压、拨棉罗拉的相向旋转，将棉胎喂给给棉部分。由于牵伸罗拉和牵抻光辊线速较高，棉胎被牵伸变薄，并喂给给棉罗拉和给棉板。在给棉罗拉和给棉板的共同作用下，棉胎变得更薄，几乎成为棉膜。由于不孕籽、破籽等杂质较重，在惯性离心力的作用下或直接抛落或移至齿条辊表面由除尘刀切割冲击排落。而纤维被齿条辊钩持着运动到毛刷条作用范围，由毛刷刷落后送往集棉机进行处理。

（三）影响锯齿式皮清机清杂效率的因素

1. 皮棉回潮率

皮棉纤维回潮率高，棉纤维的弹性差，不膨松，一经打击就变形，不仅杂质难以清除，而且分梳作用效果差，易嵌塞机件。但皮棉纤维回潮率过低，由于纤维的强力相对减弱，易造成纤维断裂及损伤。因而，进皮清机清理的皮棉纤维回潮率一般以 6.38% ~11.11% 为宜。

2. 皮棉输入量

输入皮清机的皮棉量会影响棉胎的厚薄。通常皮棉输入量多，棉胎就厚，单位锯齿所钩取的纤维数量就多，杂质易包裹在纤维中而难以排除，且易排落有效纤维，增加衣分亏损。输入皮清机的皮棉量是随轧花机产量的波动而变化的。在生产实践中，在皮棉含水较高，轧花机产量又相对较高时，皮清机的清杂效率较低，且易造成机件堵塞。为此，轧花机的产量应随棉花回潮率的高低进行适当调整。

3. 梳刷比

梳刷比是指齿条辊表面线速度与给棉罗拉表面线速度的比。梳刷比的大小体现锯齿钩取纤维的多少。梳刷比越大，单位锯齿钩取的纤维数量越少，锯齿对纤维的分梳作用效果越好，皮清机清杂效率越高。如果为增强清杂效果，单纯提高齿条辊的线速度，就会使棉纤维损伤严重，甚至轧断纤维。因此，梳刷比一般应控制在20~29左右，最高不超过30。

4. 给棉罗拉的压力及其给棉罗拉与给棉板的间隙

给棉罗拉的压力大小及给棉罗拉与给棉板的间隙大小直接影响了锯齿对皮棉纤维的分梳作用效果。一般地，压力大，间隙小，给棉罗拉与给棉板对皮棉纤维的夹持作用好，当锯齿钩拉皮棉纤维时，纤维能得到充分分解梳理。但若压力过大，间隙过小，当皮棉量突然增加时，皮棉易受阻而造成机件损伤。

二、皮棉加湿

皮棉加湿，是对回潮率太低的皮棉进行加湿处理，使皮棉有适宜的回潮率（8%左右），以便皮棉打包。

皮棉回潮率太低，会产生以下三点问题：增加皮棉打包消耗；增加棉包储运费用；造成棉包亏重。

（一）皮棉加湿的方法及原理

1. 皮棉加湿的方法

皮棉加湿的方法有很多种，按加湿装置的原理不同，可分为蒸气加湿、高压喷雾加湿、超声波雾化加湿等等；按皮棉加湿的位置不同，可分为皮棉管中加湿、集棉机内加湿和皮棉滑道上加湿。无论采用何种方法加湿，终要以汽化水来完成。

2. 皮棉加湿的原理

皮棉加湿是根据棉纤维具有天然亲水性能，使干燥的棉纤维与湿热空气接触而吸湿回潮。如先对水进行高压雾化，再使其高温汽化，最后将高温湿气流引入皮棉管中（或集棉机内或皮棉滑道上），使其与皮棉充分混合，达到干燥皮棉自由吸湿、提高皮棉回潮率的目的。

此外，无论是皮棉加湿还是籽棉加湿，均不能以液态水的形式进行，否则可能导致棉花变色等不良后果。

（二）皮棉加湿系统

皮棉加湿系统一般是由空气加热装置、水雾化装置、喷湿装置以及风机和管道等组成。以下介绍一种在美国使用较为普遍的皮棉加湿装置，如图 4－4 所示。图中的数字分别代表：1. 加热炉，2. 电控柜，3. 喷水塔，4. 热风机，5. 皮棉滑道，6. 打包机，7. 阻棉器，8. 集棉。

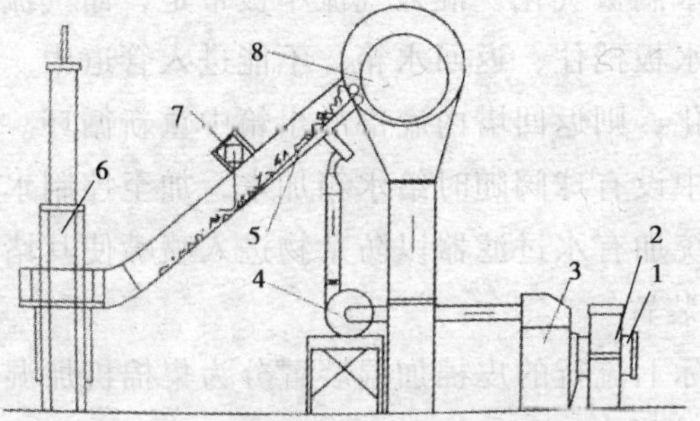

图 4－4

1. 加热炉

加热炉的作用类似籽棉烘干的空气加热装置，但由于要求的问题比较高，所以蒸汽换热器不适用，而籽棉烘干上所采用的其他几种空气加热装置基本上都适用。

普遍采用的一种是燃油加热炉，它由燃烧器、炉膛及温控风机等几部分组成。当环境温度低于设定的温度值时，暖风机自动启动。燃烧器使高度雾化的轻油（或可燃液体）完全燃烧，生成高温气体，通过与风机补入的室温气流混合，使之充分加热至设定温度气流。

其主要部分的燃烧器，现普遍采用的为美、德、英、意的产品，一般不能无级调节燃烧量，而工作在预先调节好的状态。

另一种是燃气加热炉，所用燃料为天然或石油液化气，其特点是燃料燃烧完全，可实现无级变量调整热量，而且装置的体积小、结构简单，其缺点是一次性投资较大，燃料储运不方便。

2. 喷雾塔

喷雾塔由喷嘴、水管、挡水板、水箱、水泵、球阀等组成。

其工作原理是利用高压水泵打出高压水流，经喷嘴雾化后在水塔内形成超细水滴，经与燃烧器风机送入的高温气流混合后，一部分细小水滴被气化，混入气流中被带走，而气流中混入的水滴则会被挡水板挡住，返回水箱，不能进入管道中。而另一部分水滴未被气化，则返回塔内底部的水箱中重新循环。为保证水的补给，水箱中设有球阀随时给水箱加水，加至控制水线后自动截止，循环系统加有水过滤器以防杂物进入喷嘴使其堵塞。

3. 喷湿装置

目前国际上流行的皮棉加湿装置分为集棉机加湿及皮棉滑道加湿。

（1）集棉机加湿是近几年美国研制开发的一种皮棉加湿方法。该方法使热湿气流直接吹向集棉机尘笼网上层的皮棉纤维，使纤维快速吸湿。为了防止尘笼网上集水造成拨棉困难，在集棉机外壳另一侧开有一热风入口，对尘笼网表面进行干燥，从而使加湿过程更加可靠。此加湿过程一般只有 4 ~ 5 小时的时间。

（2）皮棉滑道加湿。此种加湿方法在美国使用多年，该方法是将皮棉滑道底部做成夹层结构，其底板由格条栅组成，热湿气流由风机吹入夹层后，穿过格条栅进入皮棉层，对棉纤维进行加湿。此加湿过程一般在 5 ~ 8 小时之间，加湿比较均匀，加湿效果较好。

我国自行研制的 MJP 型皮棉加湿装置，已投入生产使用。该加湿装置用于皮棉滑道加湿，具有自动化程度高，操作便利，皮棉吸湿回潮均匀、效果明显等优点。

三、下脚料清理回收

（一）清理子棉时排出的下脚料

这种下脚料主要有僵瓣、小花头、不孕籽和尘土绒毛等杂质，这些排出物经过清理回收，其中僵瓣、小花头可轧出较长的纤维，供纺纱和絮棉使用；不孕籽可提取短绒，棉子可以榨油。

（二）轧花过程中排出的下脚料

这种下脚料主要有棉结、棉索、落棉、不孕籽、带纤维的子屑、破子壳、小瘪子及其他杂质。不孕籽占 70% ~ 80%，经清理提取的纤维可成为皮棉，提净的不孕籽经粉碎后可以提取棉短绒。

（三）剥绒工艺过程中排出的下脚料

这种下脚料主要有落绒、飞绒、破子壳、小棉子、棉仁、棉仁屑和其他杂质，经回收的短绒可以做成等内绒，棉子和棉仁可以榨油。

（四）尘塔中回收的下脚料

经过各种滤尘装置回收的下脚料，主要是灰尘和绒毛，一般统称为尘塔绒。

第四节 输送与除尘

一、气力输送

气力输送又称气流输送，利用气流的能量，在密闭管道内沿气流方向输送颗粒状物料，是流态化技术的一种具体应用。气力输送装置的结构简单，操作方便，可作水平的、垂直的或倾斜方向的输送，在输送过程中还可同时进行物料的加热、冷却、干燥和气流分级等物理操作或某些化学操作。与机械输送相比，此法能量消耗较大，颗粒易受破损，设备也易受磨蚀。含水量多、有粘附性或在高速运动时易产生静电的物料，不宜于进行气力输送。

根据颗粒在输送管道中的密集程度，气力输送分为：(1) 稀相输送。固体含量低于100千克/立方米或固气比（固体输送量与相应气体用量的质量流率比）为0.1~25的输送过程。操作气速较高（约18~30米/秒）。按管道内气体压力，又分为吸引式和压送式。前者管道内压力低于大气压，自吸进料，但需在负压下卸料，能够输送的距离较短；后者管道内压力高于大气压，卸料方便，能够输送距离较长，但需用加料器将粉粒送入有压力的管道中。(2) 密相输送。固体含量高于100千克/立方米或固气比大于25的输送过程。操作气速较低，用较高的气压压送。间歇充气罐式密相输送。是将颗粒分批加入压力罐，然后通气吹松，待罐内达一定压力后，打开放料阀，将颗粒物料吹入输送管中输送。脉冲式输送是将一股压缩空气通入下罐，将物料吹松；另一股频率为20~40分钟-1脉冲压缩空气流吹入输料管入口，在管道内形成交替排列的小段料柱和小段气柱，借空气压力推动前进。密相输送的输送能力大，可压送较长距离，物料破损和设备磨损较小，能耗也较省。

气力输送是气固两相流，情况十分复杂，设计计算尚处于经验阶段。

二、轧花除尘

（一）轧花除尘的必要性

棉花加工厂在棉花加工过程中，如果除尘工作搞不好，就会给企业的安全、卫生和效益带来不良影响和损失。其危害主要有：

一是棉花加工车间内外粉尘浓度过高，不符合国家规定标准污染环境，导致职工患上呼吸器官疾病，诸如矽肺病等，从而严重损害了职工的身体健康。

二是排出的废气中含有大量的有用纤维，不加回收从而流失，造成极大的浪费，导致经济效益的降低。

三是除尘工作的好坏对棉花加工设备的安全运转有极大的影响，直接关系到棉花加工企业的安全文明生产是否能够顺利进行。

（二）除尘方式选择的几个考虑因素

棉花加工厂的除尘工作，随着社会的发展、技术的进步，已日益引起国家和企业的关注，每个棉花加工厂必须根据本厂的具体情况选用合适的除尘设施，搞好本厂的除尘工作。无论采用何种除尘设施，必须考虑和应该达到以下几项指标：

1. 适用性

适合于处理棉花加工厂的纤维性的细小尘杂和便于回收各种尘绒，因集棉风机后、集绒风机后、吸不孕籽风机后等处回收的尘绒性质不同，应分别进行回收清理。

2. 可靠性

排风通畅，阻力稳定，因阻力增加过大会影响集棉、集绒的风量，轻则会出现回花、回绒现象，重则堵塞造成停车。另外，还要安全可靠，经久耐用，含尘空气净化后排入大气能符合国家规定要求及周围环境要求。

3. 经济性

除尘设施体积和占地面积小，消耗动力小，维修保养和操作使用简便，处理同样的含尘空气量所需设备投资和日常费用都省。

附　录

附录一　棉花质量监督管理条例

（2001 年 8 月 3 日中华人民共和国国务院令第 314 号公布根据 2006 年 7 月 4 日《国务院关于修改〈棉花质量监督管理条例〉的决定》修订）

第一条　为了加强对棉花质量的监督管理，维护棉花市场秩序，保护棉花交易各方的合法权益，制定本条例。

第二条　棉花经营者（含棉花收购者、加工者、销售者、承储者，下同）从事棉花经营活动，棉花质量监督机构对棉花质量实施监督管理，必须遵守本条例。

第三条　棉花经营者从事棉花加工经营活动，应当按照国家有关规定取得资格认定。

棉花经营者应当建立、健全棉花质量内部管理制度，严格实施岗位质量规范、质量责任及相应的考核办法。

第四条　国务院质量监督检验检疫部门主管全国棉花质量监督工作，由其所属的中国纤维检验机构负责组织实施。

省、自治区、直辖市人民政府质量监督部门负责本行政区域内棉花质量监督工作。设有专业纤维检验机构的地方，由专业纤维检验机构在其管辖范围内对棉花质量实施监督；没有设立专业纤维检验机构的地方，由质量监督部门在其管辖范围内对棉花质量实施监督（专业纤维检验机构和地方质量监督部门并列使用时，统称棉花质量监督机构）。

第五条 地方各级人民政府及其工作人员不得包庇、纵容本地区的棉花质量违法行为，或者阻挠、干预棉花质量监督机构依法对棉花收购、加工、销售、承储中违反本条例规定的行为进行查处。

第六条 任何单位和个人对棉花质量违法行为，均有权检举。

第七条 棉花经营者收购棉花，应当建立、健全棉花收购质量检查验收制度，具备品级实物标准和棉花质量检验所必备的设备、工具。

棉花经营者收购棉花时，应当按照国家标准和技术规范，排除异性纤维和其他有害物质后确定所收购棉花的类别、等级、数量；所收购的棉花超出国家规定水分标准的，应当进行晾晒、烘干等技术处理，保证棉花质量。

棉花经营者应当分类别、分等级置放所收购的棉花。

第八条 棉花经营者加工棉花，必须符合下列要求：

（一）按照国家标准，对所加工棉花中的异性纤维和其他有害物质进行分拣，并予以排除；

（二）按照国家标准，对棉花分等级加工，并对加工后的棉花进行包装并标注标识，标识应当与棉花质量相符；

（三）按照国家标准，将加工后的棉花成包组批放置。

棉花经营者不得使用国家明令禁止的皮辊机、轧花机、打包机以及其他棉花加工设备加工棉花。

第九条 棉花经营者销售棉花，必须符合下列要求：

（一）每批棉花附有质量凭证；

（二）棉花包装、标识符合国家标准；

（三）棉花类别、等级、重量与质量凭证、标识相符；

（四）经公证检验的棉花，附有公证检验证书，其中国家储备棉还应当粘贴公证检验标志。

第十条　棉花经营者承储国家储备棉，应当建立、健全棉花入库、出库质量检查验收制度，保证入库、出库的国家储备棉的类别、等级、数量与公证检验证书、公证检验标志相符。

棉花经营者承储国家储备棉，应当按照国家规定维护、保养承储设施，保证国家储备棉质量免受人为因素造成的质量变异。

棉花经营者不得将未经棉花质量公证检验的棉花作为国家储备棉入库、出库。

政府机关及其工作人员，不得强令棉花经营者将未经棉花质量公证检验的棉花作为国家储备棉入库、出库。

第十一条　棉花经营者收购、加工、销售、承储棉花，不得伪造、变造、冒用棉花质量凭证、标识、公证检验证书、公证检验标志。

第十二条　严禁棉花经营者在收购、加工、销售、承储等棉花经营活动中掺杂掺假、以次充好、以假充真。

第十三条　国家实行棉花质量公证检验制度。

前款所称棉花质量公证检验，是指专业纤维检验机构按照国家标准和技术规范，对棉花的质量、数量进行检验并出具公证检验证书的活动。

第十四条　棉花经营者向用棉企业销售棉花，交易任何一方在棉花交易结算前，可以委托专业纤维检验机构对所交易的棉花进行公证检验；经公证检验后，由专业纤维检验机构出具棉花质量公证检验证书，作为棉花质量、数量的依据。

第十五条 国家储备棉的入库、出库，必须经棉花质量公证检验；经公证检验后，由专业纤维检验机构出具棉花质量公证检验证书，作为国家财政支付存储国家储备棉所需费用的依据。

经公证检验的国家储备棉，由专业纤维检验机构粘贴中国纤维检验机构统一规定的公证检验标志。

第十六条 专业纤维检验机构进行棉花质量公证检验，必须执行国家标准及其检验方法、技术规范和时间要求，保证客观、公正、及时。专业纤维检验机构出具的棉花质量公证检验证书应当真实、客观地反映棉花的质量、数量。

棉花质量公证检验证书的内容应当包括：产品名称、送检（委托）单位、批号、包数、检验依据、检验结果、检验单位、检验人员等内容。

棉花质量公证检验证书的格式由国务院质量监督检验检疫部门规定。

第十七条 专业纤维检验机构实施棉花质量公证检验不得收取费用，所需检验费用按照国家有关规定列支。

第十八条 国务院质量监督检验检疫部门在全国范围内对经棉花质量公证检验的棉花组织实施监督抽验，省、自治区、直辖市人民政府质量监督部门在本行政区域内对经棉花质量公证检验的棉花组织实施监督抽验。

监督抽验的内容是：棉花质量公证检验证书和公证检验标志是否与实物相符；专业纤维检验机构实施的棉花质量公证检验是否客观、公正、及时。

监督抽验所需样品从公证检验的留样中随机抽取，并应当自抽取样品之日起10日内作出检验结论。

第十九条 棉花质量监督机构对棉花质量公证检验以外的棉

花，可以在棉花收购、加工、销售、承储的现场实施监督检查。

监督检查的内容是：棉花质量、数量和包装是否符合国家标准；棉花标识以及质量凭证是否与实物相符。

第二十条　棉花质量监督机构在实施棉花质量监督检查过程中，根据违法嫌疑证据或者举报，对涉嫌违反本条例规定的行为进行查处时，可以行使下列职权：

（一）对涉嫌从事违反本条例的经营活动的场所实施现场检查；

（二）向棉花经营单位的有关人员调查、了解与涉嫌从事违反本条例的经营活动有关的情况；

（三）查阅、复制与棉花经营有关的合同、单据、账簿以及其他资料；

（四）对涉嫌掺杂掺假、以次充好、以假充真或者其他有严重质量问题的棉花以及专门用于生产掺杂掺假、以次充好、以假充真的棉花的设备、工具予以查封或者扣押。

第二十一条　棉花质量监督机构根据监督检查的需要，可以对棉花质量进行检验；检验所需样品按照国家有关标准，从收购、加工、销售、储备的棉花中随机抽取，并应当自抽取检验样品之日起3日内作出检验结论。

依照前款规定进行的检验不得收取费用，所需检验费用按照国家有关规定列支。

第二十二条　棉花经营者、用棉企业对依照本条例进行的棉花质量公证检验和棉花质量监督检查中实施检验的结果有异议的，可以自收到检验结果之日起5日内向省、自治区、直辖市的棉花质量监督机构或者中国纤维检验机构申请复检；省、自治区、直辖市的棉花质量监督机构或者中国纤维检验机构应当自收到申请之日起7日内作出复检结论，并告知申请人。棉花经营者、用棉企业对复检结论仍有异议的，可以依法向人民法院提起诉讼。

第二十三条 经国务院质量监督检验检疫部门认可的其他纤维检验机构，可以受委托从事棉花质量检验业务。具体办法由国务院质量监督检验检疫部门会同国务院有关部门规定。

第二十四条 棉花经营者收购棉花，违反本条例第七条第二款、第三款的规定，不按照国家标准和技术规范排除异性纤维和其他有害物质后确定所收购棉花的类别、等级、数量，或者对所收购的超出国家规定水分标准的棉花不进行技术处理，或者对所收购的棉花不分类别、等级置放的，由棉花质量监督机构责令改正，可以处3万元以下的罚款。

第二十五条 棉花经营者加工棉花，违反本条例第八条第一款的规定，不按照国家标准分拣、排除异性纤维和其他有害物质，不按照国家标准对棉花分等级加工、进行包装并标注标识，或者不按照国家标准成包组批放置的，由棉花质量监督机构责令改正，并可以根据情节轻重，处10万元以下的罚款；情节严重的，由原资格认定机关取消其棉花加工资格。

棉花经营者加工棉花，违反本条例第八条第二款的规定，使用国家明令禁止的棉花加工设备的，由棉花质量监督机构没收并监督销毁禁止的棉花加工设备，并处非法设备实际价值2倍以上10倍以下的罚款；情节严重的，由原资格认定机关取消其棉花加工资格。

第二十六条 棉花经营者销售棉花，违反本条例第九条的规定，销售的棉花没有质量凭证，或者其包装、标识不符合国家标准，或者质量凭证、标识与实物不符，或者经公证检验的棉花没有公证检验证书、国家储备棉没有粘贴公证检验标志的，由棉花质量监督机构责令改正，并可以根据情节轻重，处10万元以下的罚款。

第二十七条　棉花经营者承储国家储备棉，违反本条例第十条第一款、第二款、第三款的规定，未建立棉花入库、出库质量检查验收制度，或者入库、出库的国家储备棉实物与公证检验证书、标志不符，或者不按照国家规定维护、保养承储设施致使国家储备棉质量变异，或者将未经公证检验的棉花作为国家储备棉入库、出库的，由棉花质量监督机构责令改正，可以处10万元以下的罚款；造成重大损失的，对负责的主管人员和其他直接责任人员给予降级以上的纪律处分；构成犯罪的，依法追究刑事责任。

第二十八条　棉花经营者隐匿、转移、损毁被棉花质量监督机构查封、扣押的物品的，由棉花质量监督机构处被隐匿、转移、损毁物品货值金额2倍以上5倍以下的罚款；构成犯罪的，依法追究刑事责任。

第二十九条　棉花经营者违反本条例第十一条的规定，伪造、变造、冒用棉花质量凭证、标识、公证检验证书、公证检验标志的，由棉花质量监督机构处5万元以上10万元以下的罚款；情节严重的，移送工商行政管理机关吊销营业执照；构成犯罪的，依法追究刑事责任。

第三十条　棉花经营者违反本条例第十二条的规定，在棉花经营活动中掺杂掺假、以次充好、以假充真，构成犯罪的，依法追究刑事责任；尚不构成犯罪的，由棉花质量监督机构没收掺杂掺假、以次充好、以假充真的棉花和违法所得，处违法货值金额2倍以上5倍以下的罚款，并移送工商行政管理机关依法吊销营业执照。

第三十一条　专业纤维检验机构违反本条例第十六条的规定，不执行国家标准及其检验方法、技术规范或者时间要求，或者出具的棉花质量公证检验证书不真实、不客观的，由国务院质量监督检验检疫部门或者地方质量监督部门责令改正；对负责的主管人员和其他直接责任人员依法给予降级或者撤职的行政处分。

第三十二条 专业纤维检验机构违反本条例第十七条的规定收取公证检验费用的，由国务院质量监督检验检疫部门或者地方质量监督部门责令退回所收取的公证检验费用；对负责的主管人员和其他直接责任人员依法给予记大过或者降级的行政处分。

第三十三条 专业纤维检验机构未实施公证检验而编造、出具公证检验证书或者粘贴公证检验标志，弄虚作假的，由国务院质量监督检验检疫部门或者地方质量监督部门对负责的主管人员和其他直接责任人员依法给予降级或者撤职的行政处分；构成犯罪的，依法追究刑事责任。

第三十四条 政府机关及其工作人员违反本条例第十条第四款的规定，强令将未经公证检验的棉花作为国家储备棉入库、出库的，对负责的主管人员和其他直接责任人员依法给予降级或者撤职的行政处分。

第三十五条 政府机关及其工作人员包庇、纵容本地区的棉花质量违法行为，或者阻挠、干预棉花质量监督机构依法对违反本条例的行为进行查处的，依法给予降级或者撤职的行政处分；构成犯罪的，依法追究刑事责任。

第三十六条 本条例第二十八条、第三十条规定的棉花货值金额按照违法收购、加工、销售的棉花的牌价或者结算票据计算；没有牌价或者结算票据的，按照同类棉花市场价格计算。

第三十七条 依照本条例的规定实施罚款的行政处罚，应当依照有关法律、行政法规的规定，实行罚款决定与罚款收缴分离，收缴的罚款必须全部上缴国库。

第三十八条　毛、绒、茧丝、麻类纤维的质量监督管理，比照本条例执行。

第三十九条　本条例自公布之日起施行。

附录二　棉花加工资格认定和市场管理暂行办法

第一条　为加强棉花收购、加工与市场的监督管理，进一步强化国家对棉花市场的宏观调控，保护国家棉花资源，维护棉花正常流通秩序，根据《中华人民共和国行政许可法》（以下简称《行政许可法》）、《产品质量法》、《棉花质量监督管理条例》、《无照经营查处取缔办法》等法律法规，制定本办法。

第二条　在中华人民共和国境内，从事棉花收购、加工、销售等经营活动，进行棉花加工资格认定和对棉花经营行为的监督管理，必须遵守本办法。

第三条　本办法所称棉花是指籽棉和皮棉，不包括废棉、落棉、回收棉及棉短绒。本办法所称棉花加工资格认定制度是指从事棉花加工经营活动的企业，除应具备一般经营条件外，还需具备本办法规定的相应条件，经资格认定机关审查认定后授予其棉花加工资格的行政许可制度。本办法所称资格认定机关是指参与棉花加工资格认定工作的省级各有关部门和机构的统称。主要包括发展改革部门、工商行政管理部门、棉花质量监督机构。本办法所称棉花质量监督机构是指《棉花质量监督管理条例》规定的棉花质量监督机构。

第四条 国务院有关部门在各自职责范围内负责组织和实施本办法的有关工作。国家发展改革部门牵头负责全国棉花加工资格认定工作的总体指导和组织协调。各省、自治区、直辖市人民政府有关部门和机构根据本办法负责当地棉花加工企业资格认定工作，并负责本地区棉花市场管理和质量监督工作。棉花协会向政府有关部门提供棉花加工企业规划布局、棉花加工资格认定和市场管理的政策建议；协助政府有关部门做好棉花加工企业的资格认定工作。

第五条 国家对棉花加工实行资格认定制度凡从事棉花加工的企业必须按照本办法的规定进行资格认定申报。省、自治区、直辖市的资格认定机关对予以受理的申报进行棉花加工资格条件的审查和认定，对符合本办法规定条件的，授予新的《棉花加工资格认定证书》(以下简称《资格证书》)，并向社会公布认定企业名单。本办法颁布之前已经获得棉花加工资格认定的企业，在过渡期内按原资格认定条件复查合格的，可继续从事棉花加工经营活动。在过渡期结束后，由国家统一公布取消原棉花收购加工资格认定证书。按照《行政许可法》规定，资格认定不收费，所需费用按照《行政许可法》的规定解决。

第六条 取得棉花加工资格认定必须同时具备以下条件：

（一）本办法实施前已经获得棉花加工资格证书且依然有效的法人或其他经济组织；

（二）符合所在地棉花加工企业合理规划布局的要求，已经纳入全国棉花加工业生产设备（压力吨位400吨及以上的打包机及其辅助设施等，下同）更新改造规划；

（三）有当地棉花质量监督机构依法出具的符合下列条件的质量保证能力资格认定证明：1. 具备保证棉花质量所必须的棉花加工场所；2. 具备必要的符合国家规定的进厂籽棉质量检验环境条件和相应的仪器设备；3. 配备符合国家规定的压力吨位400吨及以上的打包机、自动取样、称重装置、条码信息系统等设备，并具备符合国家标准规定的轧花工艺和设备；4. 配备经国家人事、劳动部门会同有关部门考核合格的专职棉花品质检验及加工技术人员（包括获得棉花质量检验师执业资格证书人员，棉花检验、加工技术职业资格证书人员）；5. 配备符合要求的棉花标准（包括实物标准和文字标准）；6. 具有其他必要的质量保证条件；

（四）有当地公安消防机构出具的消防条件符合要求的证明；

（五）国家规定的其他条件。个别省区由于棉花种植区域发生较大变化，需要新建棉花加工企业的，有关情况报国家发展改革部门同意后，由省级资格认定机关按规定程序进行审批。经批准的新建棉花加工企业，应当持资格认定机关的核准文件和《资格证书》，到工商行政管理部门办理登记，领取营业执照。

第七条　有下列情形之一的，资格认定机关不受理申请者提出的棉花加工资格认定申请：

（一）因质量违法或其他违法经营被责令改正或行政处罚，企业已改正且履行处罚义务之日起至提出申请之日尚未满半年的；

（二）违反国家法律、法规、规章有关棉花质量监督管理的规定，有掺杂掺假、以假充真、以次充好或其他严重质量违法行为的，自行政处罚之日起至提出申请之日尚未满一年半的；

（三）出现过隐瞒有关情况或提供虚假材料申请棉花加工资格认定行为，至提出申请之日尚未满三年的；

（四）因违法被撤销原棉花加工资格，至提出申请之日尚未满三年的；

（五）因棉花违法经营受到行政处罚但不按法定要求履行处罚义务的；

（六）国家规定的其他情形。

第八条 省级发展改革部门按照《行政许可法》的要求将棉花加工资格认定的事项、依据、条件、数量、程序、期限以及需要提交的全部材料的目录和申请书示范文本等在办公场所（包括政府网站）公示。各资格认定机关应当在省级发展改革部门的统一组织下进行公示。

第九条 申请者必须在取得省级发展改革部门棉花加工业生产设备更新改造规划登记核准后方可进行设备更新改造，并在规定的期限内完成改造和通过验收。

第十条 省级发展改革部门在每年5月的前10个工作日内接受棉花加工资格认定申请。接受期限发生调整的，由省级发展改革部门提前向社会公布，同时报国家发展改革部门备案。申请者申请时需提供以下材料（每项一式三份）：

（一）棉花加工资格认定申请；

（二）原有的棉花加工资格认定证书（复印件）；

（三）证明符合合理规划布局条件的材料；

（四）证明具备质量保证能力需提供的材料；

（五）证明具备消防条件的材料（当地公安消防机构出具）；

（六）营业执照复印件；

（七）根据规定需要申请者提供的其他材料。

申请者应当保证所提交的申请材料全部真实有效。

第十一条　省级发展改革部门在接收到申请者申请材料之日起5个工作日内，作出受理或者不予受理的决定。不予受理的，书面通知申请者并注明理由。

第十二条　对决定受理申请的，省级发展改革部门组织安排资格认定机关对申请者相关条件进行审查，并征求当地棉花协会的意见，在决定受理之日起45个工作日内作出审查决定。

第十三条　对作出授予棉花加工资格决定的，省级发展改革部门自作出决定之日起10个工作日内向申请者颁发《资格证书》。对审查后不予准许的，书面通知申请者并注明理由。省级发展改革部门定期向社会公布获得《资格证书》企业的名单，并报国家发展改革部门备案。

第十四条　各资格认定机关在棉花加工资格审核认定中所使用的文书格式和《资格证书》格式由国家发展改革部门统一规定。

第十五条　禁止企业未经过资格认定而从事棉花加工经营活动。

第十六条　获得棉花加工资格认定的企业应当履行以下义务：

（一）保证各项质量保证能力条件得到正常运行和实施；

（二）按照国家标准和技术规范的要求收购（进厂）、加工棉花；

（三）不得购买、使用国家明令禁止的设备加工棉花；

（四）必须按照国家规定挑拣、排除异性纤维；

（五）成包棉花必须参加仪器化公证检验；

（六）不得通过挂靠、联营等手段为没有通过相应棉花加工资格认定的企业从事棉花加工活动提供便利、从中牟利，即不得“一证多厂”；

（七）不得向负责监督检查的行政机关或法律法规授权的组织隐瞒有关情况、提供虚假材料或者拒绝提供反映其活动的真实材料；

（八）不得拒绝、阻碍依法开展的监督检查；

（九）应定期向所在地县级发展改革部门上报本企业棉花收购、加工、销售和库存等有关情况；

（十）国家规定的其他要求。

第十七条 《资格证书》有效期为5年，自签发之日起计算。棉花加工企业需要延续所获《资格证书》有效期的，应当在《资格证书》有效期届满60日前向原颁发《资格证书》的省级发展改革部门（以下简称原发证机关）提出申请，并提供规定的材料。原发证机关根据申请，在有效期届满前应当作出是否予以延续的决定。

第十八条 获得《资格证书》的棉花加工企业逾期未提出延续申请的，由原发证机关办理注销手续，并予以公告。

第十九条 《资格证书》如灭失，棉花加工企业应在3日内书面告知原发证机关，原发证机关接到通知后应确定该《资格证书》已无效，并向社会公布。需要补办《资格证书》的棉花加工企业应当向原发证机关提出申请，经原发证机关批准予以补办。棉花加工企业的《资格证书》灭失，无正当理由，既未按时通知原发证机关，又未申请补办《资格证书》的，棉花加工企业应承担由此引起的法律后果。

第二十条 棉花加工企业不得有下列行为：

（一）以欺骗等非法手段获取《资格证书》；

（二）将获得的《资格证书》倒卖、出租、出借或其他形式非法转让；

（三）使用无效、失效的《资格证书》；

（四）伪造、变造、冒用《资格证书》。

第二十条　棉花加工企业的《资格证书》记载的企业名称、法定代表人、加工场所等事项发生变更的，应向原发证机关申请变更登记，获得批准后方可继续从事棉花加工。原《资格证书》应在获得新《资格证书》之日起5日内交还原发证机关，并由其予以注销。

第二十一条　获得《资格证书》的棉花加工企业有以下任何情形之一的，认定为丧失棉花加工资格，由原发证机关撤销所发《资格证书》，并向社会公布，同时向国家发展改革部门备案：

（一）质量保证能力、消防条件、主体条件等有一项已经不具备规定的资格认定条件，且经整改无效的；

（二）出现本办法第十九条规定的任何一种情况的；

（三）《资格证书》灭失后，无正当理由，既未按时通知原发证机关，又未申请补办《资格证书》的；

（四）发生本办法第二十条的情况，未按规定进行变更的；

（五）违反国家法律、法规、规章有关棉花质量监督和市场管理的规定，有严重质量违法行为、或棉花质量违法屡查屡犯、或因质量违法被责令改正而未予改正、或有其他违法经营行为的；

（六）拒绝、阻碍依法开展的监督检查，且拒不改正、或屡查屡犯、或情节严重（如出现暴力抗拒检查的情形）的；

（七）向负责监督检查的行政机关或法律法规授权的组织隐

瞒有关情况、提供虚假材料或者拒绝提供反映其活动的真实材料的；

（八）获得《资格证书》后连续两年未开展相应的棉花加工经营活动的；

（九）违反本办法其他有关规定，经资格认定机关依法决定应当取消棉花加工资格的；

（十）国家规定的应当撤销证书的其他情形。

第二十二条 有下列情形之一的，省级发展改革部门应当办理有关《资格证书》的注销手续，并向社会公布，同时向国家发展改革部门备案：

（一）《资格证书》有效期届满未延续的；

（二）获得《资格证书》的棉花加工企业依法终止；

（三）《资格证书》依照本办法第二十一条被撤销；

（四）法律、法规规定的应当注销的其他情形。

第二十三条 资格认定部门在营业执照有效期内依法吊销或撤销《资格证书》，应当在吊销或撤销《资格证书》5 个工作日内通知工商行政管理部门。相关企业应当依法到工商行政管理部门办理变更登记或者注销登记。

第二十四条 政府有关职能部门通过每年定期复查和日常监督检查，对获得《资格证书》的棉花加工企业进行监督检查。在定期复查和日常监督检查中，实施监督检查的行政执法机构应当将监督检查的情况和处理结果予以记录，由监督检查人员签字后归档。

第二十五条 国家发展改革部门定期组织相关部门对本办法规定的棉花加工资格认定的条件、程序、效果等进行评估，依法需要调整时应当及时调整。

第二十六条 棉花收购者不得有以下行为：

（一）不明码标价收购棉花；

（二）不按照国家标准和技术规范收购棉花；

（三）提供虚假信息或误导性宣传；

（四）与交售者有收购合同或协议而拒收或限收棉花；

（五）其他违反国家质量法律、法规、规章规定的。

第二十七条　棉花销售企业不得有以下行为：

（一）购买、销售非法加工的棉花；

（二）销售的棉花没有有效的质量凭证；

（三）棉花等级、类别、重量与质量凭证、标识不相符；

（四）棉花包装、标识不符合国家标准的规定；

（五）签订棉花销售合同后不按合同规定履约；

（六）其他违反国家质量法律、法规、规章规定的。

第二十八条　严格实施主要棉花加工机械生产许可证制度。未获主要棉花加工机械生产许可证的企业，不得从事相应的棉花加工机械生产经营活动；棉花加工机械生产企业不得生产、销售不符合国家规定的棉花加工设备。

第二十九条　从事皮棉经营业务，可直接向所在地工商行政管理部门提出申请，由工商行政管理部门依据法律法规规定核准登记。

第三十条　棉花交易市场应按照国家有关法律、法规、规章的规定，建立健全棉花交易规则，有效保护客户的合法权益。棉花交易市场必须具备以下基本条件：

（一）有固定的交易场所；

（二）法人治理结构完善；

（三）建立公开、公平、公正、规范的交易规则；

（四）对市场参与者要有明确的行为规范；

（五）市场开办单位不得参与市场交易；

（六）市场交易的棉花必须附有符合国家规定的质量凭证和包装标识；

（七）市场开办单位和市场交易者要接受工商行政管理部门、棉花质量监督机构、税务部门等的监管，照章纳税、诚信经营；

（八）国家规定的其他条件。

第三十一条 禁止伪造、变造、冒用棉花质量凭证、公证检验证书、公证检验标志、其他检验标志、标识。

第三十二条 禁止在棉花收购、加工和销售活动中掺杂、掺假，以假充真，以次充好。

第三十三条 禁止无照或超范围经营棉花。

第三十四条 棉花质量监督机构和其他国家机关以及棉花质量检验机构不得以监制、监销等方式参与棉花经营活动。

第三十五条 专业纤维检验机构和依法批准成立的其他纤维检验机构，要严格按照国家有关质量法规、标准及《棉花质量监督管理条例》的规定，规范质量检验行为，公正严格检验棉花质量，对出具的检验证书依法承担相应的责任。

第三十六条 任何地方政府及部门不得采取划片、设卡、发放准运证等方式限制或变相限制企业销售棉花的区域和干预企业正常收购、加工、销售、运输活动。

第三十七条 工商行政管理部门、棉花质量监督机构应当依法在各自的职责范围内，对棉花收购、销售等经营活动实施监督检查，监督检查中可依据有关法律、法规、规章的规定行使现场检查、调查、查阅、查封、扣押等职权。

第三十八条 违反本办法第十六条第（一）项、第（五）项规定的，由棉花质量监督机构责令改正；拒不改正或者屡查屡犯的，处以1万元以上3万元以下的罚款。

违反本办法第十六条第（二）项、第（四）项规定的，由棉花质量监督机构依据《棉花质量监督管理条例》有关规定予以处罚。

违反本办法第十六条第（三）项、第（七）项、第（八）项规定的，由实施监督检查的行政执法机构责令改正，可根据情节轻重处以1万元以上3万元以下的罚款；构成违反治安管理行为的，还应移送公安部门依法予以处罚。

第三十九条　违反本办法第十九条第（一）项至第（四）项规定的，由实施监督检查的行政执法机构责令改正，并处以1万元以上3万元以下的罚款。

第四十条　违反本办法第十五条、第十六条第（六）项、第二十九条、第三十三条规定的，由工商行政管理部门依法进行处罚。

第四十一条　违反本办法第二十六条第（一）项规定的，由价格主管部门依据《价格法》第四十二条的规定予以处罚。

违反本办法第二十六条第（二）项规定的，由棉花质量监督机构依据《棉花质量监督管理条例》第二十四条的规定予以处罚。

第四十二条　违反本办法第二十六条第（三）项、第（四）项、第二十七条第（五）项规定的，由工商行政管理部门按照有关法律法规的规定进行处理。违反本办法第二十七条第（一）项规定的，由工商行政管理部门责令改正；拒不改正或者屡查屡犯的，处以1万元以上3万元以下的罚款。

违反本办法第二十七条第（二）项至第（四）项规定的，由棉花质量监督机构依据《棉花质量监督管理条例》第二十六条的规定予以处罚。

第四十三条　违反本办法第二十八条规定，未获生产许可证从事棉花加工机械生产经营的，由质量监督部门没收其产品，并处以罚款；生产、销售不符合国家规定的棉花加工机械的，依据《产品质量法》、《工业产品生产许可证管理条例》有关规定予以处罚。

第四十四条 违反本办法第三十条第（一）项至第（七）项规定的，由实施监督检查的行政执法机构依据有关法律、法规、规章予以处罚。无处罚规定的，责令市场开办单位限期改正，并处 3 万元以下罚款。

第四十五条 违反本办法第三十一条、第三十二条规定的，由实施监督检查的行政执法机构依据有关法律、法规、规章予以处罚。

第四十六条 本办法规定的吊销营业执照的行政处罚由工商行政管理部门决定。对同一违法事实，实施监督检查的行政执法机构不得给予两次处罚。

第四十七条 隐匿、转移、变卖、损毁被行政执法机构查封、扣押物品的，由行政执法机构按照有关法律、法规、规章予以处罚。

第四十八条 货值金额按现场牌价或结算票据计算，没有现场牌价或结算票据的，按同类产品市场价格计算。

第四十九条 棉花质量监督机构或者其他国家机关违反本办法规定，以监制监销等方式参与棉花经营活动的，由其上级机关或者监察机关责令改正，有违法收入的予以没收；情节严重的，对直接负责的主管人员和其他直接责任人员依法给予行政处分。

第五十条 专业纤维检验机构伪造公证检验证书，弄虚作假的，按照《棉花质量监督管理条例》有关规定予以处罚。其他纤维检验机构伪造检验结果或者出具虚假证明的，按照《产品质量法》有关规定予以处罚。

第五十一条　违反本办法第三十五条规定的，由上级机关责令改正；情节严重的，由同级或上级机关对直接责任人员给予行政处分。

第五十二条　本办法规定的资格认定机关，在实施棉花加工资格认定活动中，违反本办法规定的，依据《行政许可法》追究相关单位和人员的法律责任。

第五十三条　地方政府及其所属部门有违反本办法规定行为的，由上一级人民政府责令改正，对负责的主管人员和其他直接责任人依法给予降级或者撤职的行政处分。

第五十四条　实施行政处罚的行政机关，必须严格执行《行政处罚法》所规定的行政处罚程序和国务院有关罚款收缴分离的规定。当事人认为行政处罚违反《行政处罚法》规定的，可依法提起行政复议或行政诉讼，并有权予以检举。

第五十五条　违反本办法规定，涉嫌构成犯罪的，由行政执法机构依法移送公安部门。

第五十六条　各省（区、市）资格认定机关可根据本办法相关规定结合本地的实际情况制定具体的实施细则。

第五十七条　本办法由国家发展改革委、国家工商总局、国家质检总局按职能分工负责解释。

第五十八条　本办法自发布之日起施行。

附录三　棉花包装国家标准

前　言

本标准 3.1.2 条中Ⅰ型和Ⅲ型包、3.2.1.2 条、4.4 条、4.7 条、5.1.1 条、5.1.3 条、5.2.1 条、5.2.2 条、5.2.4 条为强制

性条款，其余为推荐性。

本标准与 GB/T 6975－2001 相比，主要修订内容如下：

1. 对包型尺寸进行了修订，增加了允许偏差的内容；

2. 修改了棉布包装物的技术要求；

3. 增加了塑料包装袋和塑料捆扎带，规定了相关技术要求；

4. 修改了钢带的捆扎根数；

5. 增加了套包包装方法，规定了相关技术要求；

6. 对按批检验和逐包检验的棉包标志内容作出了规定，逐包检验的棉包以条码作为标志。

本标准由中华全国供销合作总社提出。

本标准由中华全国供销合作总社棉花加工工业标准化技术委员会归口。

本标准起草单位：中国棉花协会棉花加工分会、中国纤维检验局、铁道部运输局、郑州商品交易所、中棉工业有限责任公司、北京中棉机械成套设备有限公司、中华全国供销合作总社郑州棉麻工程技术设计研究所、南通棉花机械有限公司、南通御丰塑钢包装有限公司。

本标准主要起草人：康玉国　王丹涛　胡春雷　余泳　刘哲　李博晰　钱鹏　季宏斌　李久喜　韩金　蔡光泉　胡宝林　张海远

本标准所代替标准的历次版本发布情况为：

——GB/T6975－1986

——GB/T6975－2001

1. 范围

本标准规定了棉包的外形尺寸、包重、包装物、包装方法、棉包标志和试验方法。

本标准适用于棉花包装。亦适用于棉短绒包装。

2. 规范性引用文件

下列文件中的条款通过本标准的引用而成为本标准的条款。凡是注日期的引用文件，其随后所有的修改单（不包括勘误的内容）或修订版均不适用于本标准，然而，鼓励根据本标准达成协议的各方研究是否可使用这些文件的最新版本。凡是不注日期的引用文件，其最新版本适用于本标准。

GB/T 228 金属材料室温拉伸试验方法

GB/T 406 棉本色布

GB/T 1040.3 塑料 拉伸性能的测定 第3部分：薄膜和薄片的试验条件

GB 1103 棉花 细绒棉

GB/T 3923.1 纺织品 织物拉伸性能 第1部分：断裂强力和断裂延伸率的测定 条样法

GB/T 4668 机织物密度的测定

GB/T 6672 塑料薄膜和薄片 厚度测定 机械测量法

GB/T 13022 塑料 薄膜拉伸性能试验方法

GB/T 16422.3 塑料实验室光源暴露试验方法 第3部分：荧光紫外灯

QB/T 3811 塑料打包带

3. 技术要求

3.1 棉包的外形和尺寸。

3.1.1 棉包的外形和尺寸代号见图1（略）。

3.1.2 棉包外形尺寸、重量及允许偏差应符合表1规定。

表 1　　**棉包外形尺寸、重量及允许偏差**

棉包型号	长度 L（毫米）		宽度 W（毫米）		高度 H（毫米）		棉包重量（千克）	
	基本尺寸	允许偏差	基本尺寸	允许偏差	基本尺寸	允许偏差	重量	允许偏差
Ⅰ	1400	−30	530	−10	700	+150	227	±10
Ⅱ	1060	−20	530	−10	780	+100	200	±10
Ⅲ	800	−15	400	−10	600	+50	85	±5

3.1.3　Ⅰ、Ⅱ型棉包两端的高度差不大于 50 毫米，Ⅲ型棉包两端的高度差不大于 20 毫米。

3.2　包装物。

3.2.1　包装材料。

3.2.1.1　采用符合棉包包装要求的、不污染棉花、不产生异性纤维的本白色纯棉布、塑料或其他材料进行包装。塑料包装袋应留有半圆形透气孔隙，单个透气孔隙面积不大于 240 平方毫米。

3.2.1.2　本白色纯棉布技术要求见表 2。

表 2　　**本白色纯棉布技术要求**

项　目	纱线密度		棉布密度/（根/10 厘米）	断裂强力/N
	线密度/tex（支数）	百米重量偏差/%		
经向	58.3（10^s）	±2.5	≥118 根/10 厘米	≥180
纬向	58.3（10^s）	±2.5	≥118 根/10 厘米	≥220

3.2.1.3　塑料包装袋技术要求见表 3。

表3　　塑料包装袋技术要求

厚度/毫米	拉伸强度/兆帕	
	纵向	横向
0.15±0.02	≥24	≥23

3.2.2　捆扎材料。

3.2.2.1　捆扎材料的规格、机械性能应符合表4规定。

表4　　捆扎材料的机械性能

捆扎材料	规格/毫米	机械性能			
		抗拉强度/兆帕	伸长率/%	抗老化（100小时紫外光老化拉伸断裂强度保留率）/%	
		高碳	低碳	高碳	低碳
镀锌钢丝	φ2.5	1400～1650	400～510	≥4	≥
	φ2.8				
	φ3.2				
	φ3.4				15
	φ3.75				
	φ4.0				
碳钢钢带	1×（19～20）（截面）	＞390～590	＞16		
高强度钢带	（0.7～1）×（19～20）（截面）	＞590～780	＞16		
塑料捆扎带	（1～1.5）×（19～20）（截面）	＞390～590	＞16	＞96	

3.2.2.2 捆扎材料规格及捆扎根数应符合表5规定。

表5 捆扎材料规格及捆扎根数

棉包型号	捆扎材料									
	低碳钢丝/毫米			高碳钢丝/毫米				碳钢钢带/毫米（截面）	高强度钢/毫米（截面）	塑料捆扎/毫米（截面）
	φ2.5	φ2.8	φ4.0	φ2.5	φ3.2	φ3.4	φ3.75	1×（19~20）	（0.7~1）×（19~20）	（1~1.5）×（19~20）
Ⅰ、Ⅱ			10~11		10~11	10	8	8	8	8
Ⅲ	10~12	10~11		10~11						

4. 包装方法

4.1 捆扎法。

皮棉经压缩并用棉布包裹后再进行捆扎的方法。

4.2 套包法。

皮棉经压缩、捆扎后通过套包装置把包装袋套在棉包上的包装方法。

4.3 棉布包装适用于捆扎法或套包法，塑料包装袋仅适用于套包法。

4.4 棉布包装的棉包捆扎好后，用棉线绳将棉包包头接缝处缝严，针距不大于25毫米。

4.5 成包过程中切割取样的应将切割口用同等棉布缝严，允许用不污染棉花、不产生异性纤维的其他材料将切割口覆盖。

4.6 棉包出厂时均不得有露棉（塑料包装袋的透气孔隙除外）、包装破损及污染现象。

4.7 棉包包索排列要均匀且相互平行，包索结扣应牢固、可靠。结扣处应平滑，不易划伤其他接触物。

5. 棉包标志

5.1　按批检验的棉包标志。

5.1.1　对用棉布包装的棉包，在棉包两头用黑色刷明标志，内容包括：棉花产地（省、自治区、直辖市和县）、棉花加工单位、棉花质量标识、批号、包号、毛重、异性纤维含量代号、生产日期。

5.1.2　塑料套包法包装的棉包在棉包两头采取不干胶粘贴或其他方式固定标签，标签载明内容按5.1.1。

5.1.3　棉花质量标识应符合GB1103的规定。

5.1.4　允许在不影响棉包标志的塑料包装袋表面标注放置方向、商标等信息。

5.2　逐包检验的棉包标志。

5.2.1　采用条码作为棉包标志。

5.2.2　对用棉布包装的棉包，棉包两头用黑色刷明标志：棉花产地（省、自治区、直辖市和县）、棉花加工单位、包号（加工流水编号，不得重复）、毛重、异性纤维含量代号、生产日期。

5.2.3　塑料套包法包装的棉包在棉包两头固定条码作为标志。

5.2.4　棉布包装的棉包条码应固定在棉包两头。

6. 试验方法

6.1　外形尺寸。

在已加工并存放24小时以后的棉包中，每20包（不足20包的按20包计）抽取1包，测量棉包尺寸。

测量方法：将被测棉包放置在平面上，用两个直角尺分别轻靠在棉包对称面上，测量相对应的棉包尺寸；测量位置为棉包各对应面的两端及中部，取其最大值。再分别取长、宽、高的平均值为棉包尺寸实测值。

6.2 棉布纱线线密度：按 GB/T 406 规定的方法测定。

6.3 棉布密度：按 GB/T 4668 规定的方法测定。

6.4 棉布断裂强力：按 GB 3923.1 规定的方法测定。

6.5 塑料薄膜和薄片厚度：按 GB/T 6672 规定的方法测定。

6.6 塑料薄膜拉伸强度：按 GB/T 13022 规定的方法测定。

6.7 塑料捆扎带抗老化试验：按 GB/T 16422.3 规定的方法测定。

6.8 钢丝与钢带抗拉强度和伸长率：按 GB/T 228 规定的方法测定。

6.9 塑料捆扎带抗拉强度和伸长率：按 GB/T 1040 规定的方法测定。

《农民实用知识读本》系列丛书

书号	书名	定价
F·1470	怎样利用国家对"三农"的优惠政策	15.00
F·1453	怎样领取国家财政给农民的各种补贴	15.00
F·1463	怎样利用农村小额贷款	15.00
F·1471	如何参加农民养老、医疗、救助等社会保障	15.00
F·1451	农民经营注意事项	15.00
F·1421	农村产权问答	15.00
D·0069	农村妇女儿童如何保护自己的权益	15.00
F·1468	农村土地流转应注意的问题	15.00
F·1420	做一名合格的餐厅服务员	15.00
F·1417	做一名合格的前厅服务员	15.00
F·1419	做一名合格的客房服务员	15.00
R·0011	做一名合格的养老护理员	15.00
G·0033	做一名合格的育婴员	15.00
G·0031	做一名合格的保育员	15.00
TS·0009	做一名合格的保洁员	15.00
F·1467	做一名合格的家政服务员	15.00
D·0067	做一名合格的保安	15.00
R·0013	做一名合格的护工	15.00
F·1422	做一名合格的营业员	15.00

书　号	书　　　　　名	定　价
F·1423	做一名合格的收银员	15.00
R·0012	做一名合格的营养配餐员	15.00
R·0010	做一名合格的验光配镜员	15.00
F·1416	做一名合格的仓储保管运输员	15.00
S·0010	做一名合格的洗染织补员	15.00
F·1433	如何回收挑选和加工废旧物资	15.00
F·1418	烟花爆竹营销注意事项	15.00
TS·0012	如何加工茶叶	15.00
TS·0016	如何进行蜂产品加工和检验	15.00
TS·0013	如何进行蔬菜加工	15.00
TS·0015	如何进行果品加工	15.00
TS·0020	如何进行野生植物原料加工	15.00
S·0018	如何给庄稼“看病”	15.00
TS·0011	茶叶与茶艺	15.00
F·1472	农村商品收购注意事项	15.00
S·0020	如何进行农业专用机械操作	15.00
TS·0019	如何进行水产品原料处理	15.00
S·0019	如何做一名护林员	15.00
TS·0018	如何进行棉花的加工	15.00
TS·0017	如何进行剑麻的加工	15.00
TQ·0001	如何进行天然橡胶的加工	15.00
TS·0014	如何进行竹、藤、麻、棕、革制品的加工	15.00
S·0021	如何做好动物疫病防治	15.00